朗仔玩军事

百科图解

大威力枪械

瀚鼎文化工作室◎编著

航空工业出版社

北京

内 容 提 要

在战斗中，武器质量的优劣会对战场局势产生重大影响，合理使用大威力枪械，能够达到增强威力的效果。本书以图文并茂的方式讲述了大威力枪械的内部结构、使用方法以及作战性能，对与之配套的各种不同型号大威力枪弹也进行了详细的介绍，本书旨在帮助读者对这类枪械有进一步的认识。

图书在版编目（CIP）数据

百科图解大威力枪械 / 瀚鼎文化工作室编著. -- 北京 ：航空工业出版社，2014.10（2021.7 重印）
ISBN 978-7-5165-0533-5

Ⅰ. ①百… Ⅱ. ①瀚… Ⅲ. ①枪械－世界－图解
Ⅳ. ① E922.1-64

中国版本图书馆 CIP 数据核字（2014）第 197703 号

百科图解大威力枪械
Baike Tujie Daweili Qiangxie

航空工业出版社出版发行
（北京市朝阳区京顺路5号曙光大厦C座四层　100028）
发行部电话：010-85672663　010-85672683

三河市双升印务有限公司印刷　　全国各地新华书店经售
2014 年 10 月第 1 版　　2021 年 7 月第 3 次印刷
开本：710×1000　1/16　　字 数：183 千字
印张：12　　定 价：29.80 元

编者的话

一提到大威力枪械，大多数人脑子里就会联想到能够横扫四方、左右战场局势的重型轻兵器，如机枪、迫击炮、火箭筒等。其实，手枪、步枪中也存在着这种可以造成重大人员伤亡的大威力武器。就算是普通的枪械，如果合理地使用特制枪弹，也能达到增强威力的效果。本书通过搜集大量国内外相关资料，从研发理念、性能、特点、实战应用等多个方面对这类威力比较大的武器进行详细介绍，希望读者通过阅读本书可以对大威力枪械有一个全新的认识。

作为《百科图解》系列丛书的组成部分，本书内容轻松易读，适合军事爱好者、枪械迷以及广大青少年读者阅读收藏。《百科图解》系列丛书是瀚鼎文化工作室倾力打造的“明仔玩军事”大家庭的一员。

明仔玩军事

目 录

●目　录●

第一章
枪械基础知识

No.001 枪的“威力”具体是指什么

什么样的枪才算威力强大呢？在实际中应该如何判断一把枪是否具有足够的威力？

枪口初速是重要因素

决定枪“威力”、“杀伤力”的重要因素之一就是“枪口初速”。所谓枪口初速，指的是弹头飞离枪口时瞬间的运动速度，单位通常以“米 / 秒”（m/s）或是“英尺 / 秒”（ft/s）表示。枪口初速是衡量射击武器技术性能是否优良的一项重要指标，相同的弹头，初速愈大飞行距离愈远，动能愈大，飞抵目标的时间则愈短，也就是我们通常意义上认为的“威力”越大。

在普通枪械中，影响初速的因素主要包括：枪械的倍径、弹头的重量、装填火药的重量、火药的微粒大小或形状、弹头与枪管之间的摩擦力等。

因此，如果想使枪械拥有更强的威力，就必须将大型化的弹头、更多的发射火药装填量、能够充分利用火药燃烧能量的长枪管等因素综合在一起加以平衡方能做到。

枪口初速比较快的枪弹能够在命中远距离目标以后依然威力不减。但是大多数大威力枪械（尤其是一些大型化或者使用强力枪弹的枪械），为了保证充分利用火药燃烧产生的能量，枪机部分的设计相对都比较简单，因此，这类枪械的连发性能往往会受到一定的限制。而且，由于枪弹尺寸较大，装弹的数量也会相应减少，最终导致该类型枪械的威力强大，却火力不足。

所谓火力，指的是枪械对射击目标形成的杀伤、摧毁、压制和阻拦目标的能力，其中连发性能是火力中重要的性能之一。如在遭遇战中，单独面临三名对手的围攻，如果自己使用的是连发枪械，足以在对方枪械发射一发枪弹的时间内连续发射三发枪弹以上，依然能够给对手造成有效的火力压制。机枪是火力强大的典型枪械之一，但是由于机枪的结构复杂，携带不便，通常只有军队才会大量装备使用。

枪械威力的要素

枪口初速

弹头飞离枪/炮口时瞬间的运动速度，单位通常以“米/秒”（m/s）或是“英尺/秒”（ft/s）表示

影响枪口初速的因素

- 弹头的重量、形状
- 发射火药的重量、形状
- 枪管的长度

火力

是指枪械对射击目标造成的杀伤、摧毁、压制和阻拦目标的能力

主要受射程、连发能力、枪弹数量的影响

穿透力

是指弹头贯穿目标时的产生的动能

受弹头材质、形状与速度的影响

停止作用

就是弹头命中目标后令其丧失反抗能力的程度

受到弹头的材质、形状、速度的影响

No.002 枪械的威力是由装填的枪弹决定的吗

在人们的意识中，判断枪械性能时往往会特别留意枪械口径的大小，那么，枪械的口径是否与威力有关系呢？

枪弹与威力

在表示枪械性能的数据当中，最能直观体现枪械威力的数据似乎就是口径了。枪械的口径指的是枪管的内径和对应所用枪弹弹头的尺寸。简单地说，枪械的口径其实是用来说明枪械使用枪弹弹头的直径。

在一般情况下，枪管内径与枪弹弹头的直径是保持一致的，只有极少数特例除外。换而言之，口径为 7.62 毫米的枪械，正常情况下使用的都是直径为 7.62 毫米的枪弹。然而，就算同为 7.62 毫米口径的枪械，也可能受到其他因素的影响而导致枪弹形状的不同。比如，相同口径的步枪与手枪所使用的枪弹在外形上就有着明显区别；甚至同样口径的手枪，也可能会因为弹壳内装填火药量的不同而造成枪弹外形上的差异。

一般而言，如果想要判断枪械的威力大小，要从枪弹的口径、发射火药装填量、枪弹形状三方面综合考虑。

首先，枪弹的威力会随着直径的增大而增加。直径 5.56 毫米枪弹的威力要比 7.62 毫米枪弹小，而 7.62 毫米枪弹又比 12.7 毫米枪弹的威力小。这是因为同等条件下，枪弹直径越大，弹头的重量就会越大，如此一来，弹头所蕴含的动能也就更大。

其次，如果要想让更重的大口径弹头准确地命中目标，必须相应地增加枪弹内发射火药的装填量。因此，枪弹的外形尺寸也会随之增大。举例来说，同样是直径为 7.62 毫米的枪弹，手枪枪弹的尺寸为 7.62×25 毫米，而步枪枪弹的尺寸则是 7.62×39 毫米，这两种枪弹的威力可以说相差甚远。

另外，虽然一些大口径手枪使用的是 11.43 毫米（.45 口径）的枪弹，但是因为燃烧火药的量比较少，整体威力还不如直径为 7.62 毫米步枪枪弹。

枪弹与枪械威力

要素 1

枪械的口径指的是枪管的内径、所用枪弹弹头的直径

- 口径为 12.7 毫米的枪械
- 枪管内径为 12.7 毫米
- 使用直径为 12.7 毫米枪弹

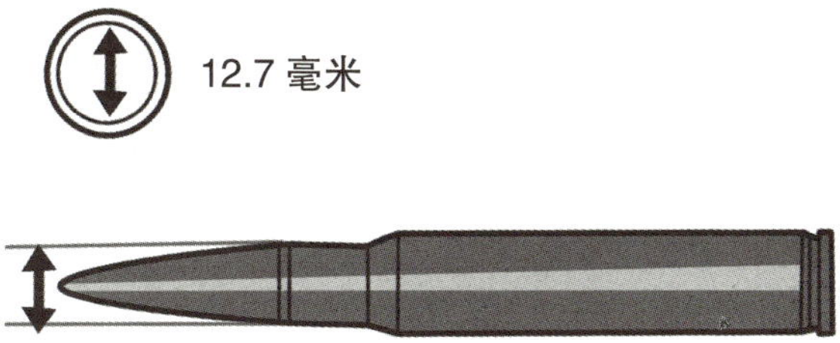

要素 2

就算口径相同，也会因为枪弹类型的不同而导致威力上的差异

7.62×37 毫米枪弹：AK–47 突击步枪所用的枪弹，发射火药比较多，威力强大

7.62×25 毫米枪弹：托卡列夫手枪使用的枪弹，与步枪弹相比，发射火药比较少，威力也小很多

要素 3

枪弹威力还会受到弹头形状的影响，因此就算是同类枪弹，若是弹头形状不同，也会导致威力有所差异

- 弹头的形状会根据射击目标的变化而相应的变化
- 狩猎用的枪弹弹头前端呈扁平状或圆球形，减少弹头的穿透力
- 如果目标穿有防弹衣或者带有装甲防护装备，弹头的前端则越尖越好

No.003 威力越大的枪使用寿命越短

威力比较大的枪械对目标造成的伤害更大，射程更远，与此同时，对枪械本身造成的磨损也更大。

大威力对枪械寿命的影响

所谓大威力枪械，就是与普通枪械相比，它所用的枪弹发射火药量更多、弹头更重。通常这类枪械所发射的枪弹能够破坏数百米之外的目标，由于其使用的枪弹装填火药量比较多，射击时燃烧产生的发射气体也就更多，随着使用时间的延长，会对枪械的枪管等部位造成非常严重的磨损。

在发射枪弹的时候，枪管内壁由于受到高温高压的发射气体的不断灼烧，慢慢地会出现细微的龟裂，膛线也会在高温的影响下开始逐渐被磨损。许多人以为膛线的磨损是由于弹头摩擦造成的，其实不然，高温高压的发射气体才是这个问题的元凶。久而久之，随着膛线逐渐磨平，发射出去的弹头渐渐会失去了旋转的力量，无论速度还是精度都会下降，枪管的寿命自然也会随之缩短。因此，枪管的寿命，也就是枪管能够持续使用的时间，一般是以能够发射多少发枪弹作为衡量标准。

如果连续发射大威力枪弹，发射气体的高温和弹头的摩擦会导致枪管过热，进而造成弹头内部的铅金属被熔化，附着在枪管内壁，时间一长会导致枪管堵塞。虽说不至于导致弹头被卡在枪管中，但是长此以往，对枪管造成进一步损伤是必然的。对于军用枪械，如果因为后勤补给的原因来不及更换的话，只需要保证枪械发射的弹头能平稳地保持直线飞行即可。毕竟，大规模作战时对普通士兵的射击精度要求并不太高。但是像狙击、竞赛、狩猎等这类对射击精度要求较高的项目，则必须要保证枪械的性能处于最佳或者比较良好的状态。

枪械其他的一些细小零件虽然受到的后坐力、火药燃烧的影响比较小，但也不一定就是万无一失的，现实中就曾经发生过由于后坐力的作用将手枪滑套撞飞的意外事故。

枪管是最容易受损的部位

大威力枪械各部件承受的负荷要比普通枪械更大，尤其是枪管

枪管是最容易受损的部位

高温高压的发射气体会灼烧枪管内部的膛线，造成膛线变形

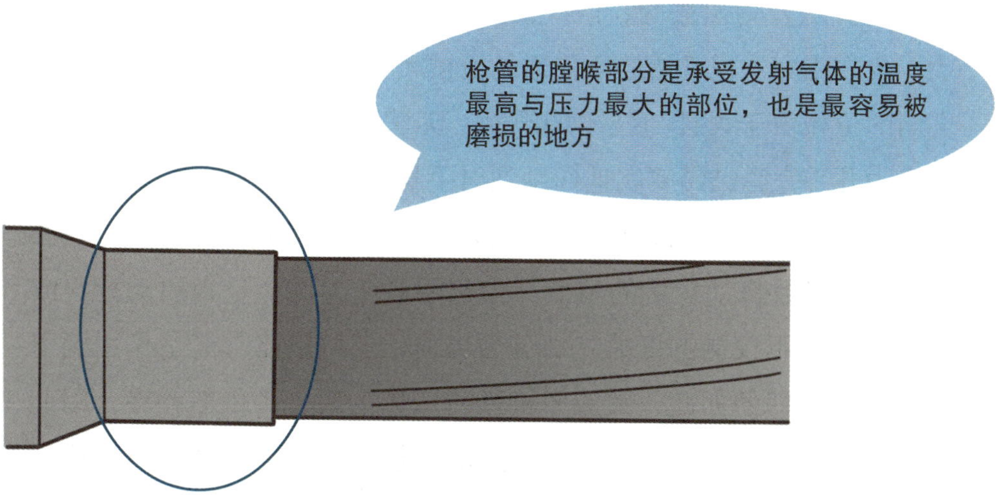

在短时间内发射大量枪弹的机枪，枪管的磨损尤为严重

枪管堵塞

- 弹头在枪管内高温高压作用下，上面的铅会被熔化，并且附着到枪管内壁上
- 使用中空弹的大口径手枪最容易发生这种情况，因此必须要定期清理枪管，将枪管内的铅渣、火药残渣一同去除干净

枪管的寿命

以能够保证相应射击精度的最大发射枪弹数量为标准。由于用途不同，枪管寿命也会受其影响。军用枪械的枪管寿命比较长，用于狙击、竞赛等用途的枪管寿命相对较短。

No.004 威力越大的枪后坐力就越大吗

无论是机枪、手枪、步枪，口径越大、威力越大，射击时的后坐力都会随之增大。

传统的理念已经有所改观

正如我们前文所说，大威力枪械都是利用大量装填火药在燃烧时产生的气流将重型弹头发射出去的，因此，弹头在发射出去的同时，对枪械产生的后坐力（反作用力）也必然会比普通的枪械大一些。

早期的枪械由于设计与技术的限制，无法有效地吸收后坐力，射击时产生的后坐力几乎完全结结实实地作用到射手身上。现代枪械，尤其是自动手枪，有专门用于吸收后坐力的设计，在发射枪弹时，所产生的后坐力已经大为减弱。

目前，大多数自动装填的枪械都会利用后坐力的能量来驱动枪栓或者滑套等部件，这样不仅能够抵消一部分后坐力，还可以将其能量作用到下一发枪弹的装填上。即便如此，大威力枪械所产生的后坐力依然存在，因此，对于一些需要承受压力的部位，必须要选择高强度金属，制作得非常坚固才行。

与普通枪械相比，使用大威力枪弹的枪械，由于各部件的坚固程度得到加强，因此枪械本身的重量也会更重，可以抵消部分后坐力的影响。拿以色列的“沙漠之鹰”自动手枪来说，虽然其本身由于使用大威力枪弹的缘故产生后坐力很大，但是由于手枪本身比较重，最终传到射手身上的后坐力甚至比一些威力不大、重量较轻的手枪还小。

在本身得到加固，重量随之增加以后，枪械各部件在射击时产生的震动也会加大，因此，一些腕力比较弱的射手在使用大威力枪械时枪口会出现较大幅度地摆动。这种摆动一方面是由于受到射击时产生的后坐力影响，另一个更重要的原因就是零部件在运行的过程中破坏了枪械原有的重心平衡。

大威力枪械的后坐力

威力越大的枪，后坐力就越大

这是基本的普通常识，也没什么不对

但是

自动手枪 **自动步枪** **突击步枪**

以上自动装填的枪械，不仅利用后坐力完成下一发枪弹的装填，还在一定程度上起到吸收后坐力的作用

而且

机枪

这种枪身较重的枪械，除了利用后坐力完成自动装填枪弹以外，还可利用本身的重量来抵消部分后坐力

还有

反器材步枪

枪身较重，在枪管和枪托上还加装了吸收后坐力的装置

转轮手枪 手动步枪

这类枪械并没有采用吸收后座力的设计，因而射击时后坐力较强。不过，也可以通过握把、枪托来化解一部分后坐力

No.005 枪械威力的凭判标准

在对枪械的性能评估中，判断枪械威力大小的标准是怎样的呢？

以贯穿木板的数量来判断枪械的威力

美国军方与警方判断枪械威力的方法是看枪械发射的枪弹能够穿透多少块并列的木板（美国白松制成的 7/8 英寸米厚松木板），这一方法在世界其他地区也被广为采用。

测试的具体方法：将厚度约 2.2 厘米的松木板以 2.5 厘米的间隔排成一排，枪械在约 4.5 米外的距离向木板射击，然后观察弹头所能穿透的木板数量。

这个方法常常被用来测试不同枪械之间的威力大小。然而，实际上它测试的是枪械（枪弹弹头）的穿透力，穿透木板的数量并不能完全代表枪械的全部威力。

弹头的穿透力如果足够的话，在战斗中就有可能直接贯穿遮蔽物后命中并伤害目标，甚至有可能将直线排列的目标一并穿透。但是，穿透力比较强的枪械，如果不是直接命中目标要害的话，对目标造成的停止作用并不明显。

为了把枪械的穿透力转化为杀伤力，可以选择铅这一类软金属制成的枪弹弹头。如在狩猎时使用的空尖弹，命中目标以后弹头会发生变形并向前翻滚，造成目标伤口变形及裂开，杀伤力很强。使用这种枪弹射击时虽然不能同时穿透多块木板，但是其杀伤力却更强。

由此可见，单纯通过穿透的木板数量并不能完全准确地衡量枪械的威力，因而，有时还会将弹头射入粘土、蜡、明胶等固态物体中，通过比较弹孔的大小，进一步确认枪械的威力。哪怕在射击时弹头贯穿木板的数量不是太多，但是只要是弹头所造成的弹孔足够大，依然可以认定该枪的威力很大。

测试枪械威力的方法

测量枪械的穿透力

↓

准备好厚度为 7/8 英寸的松木板

↓

以 1 英寸的间隔排成一列

↓

从 4.5 米外的距离射击，对比穿透的木板数量

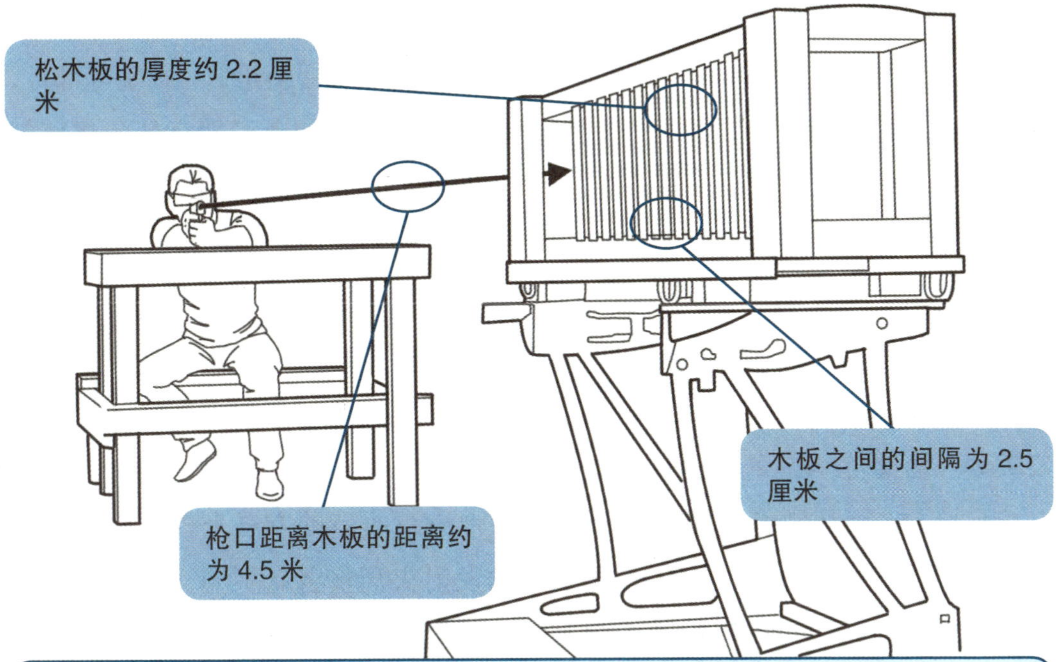

常见手枪枪弹的穿透力

9 毫米 =10 片	.357 麦格农 =13 片
.45 口径 =7 片	.25 口径 =3 片
7.62 毫米托卡列夫 =11 片	.50 口径麦格农 =17 片

No.006 如何增强枪械的威力

在一些特殊环境下，往往需要使用大威力枪械，如果此时身边并没有这类枪械，可以将现有的枪械进行强化改造吗？

最简单的方法就是更换大威力枪弹

枪械的威力并不是完全由枪械本身的尺寸或枪管的长度所决定的，其所选用的枪弹也会对威力造成一定的影响。因此，除了更换枪管、改造枪械，最简单的提升枪械威力的方法，就是选择威力更大的枪弹。

采用将原本使用 .22 口径的步枪扩大为 .30 口径，将 9 毫米口径的自动手枪更换成 10 毫米口径等这类貌似非常简单的方法，在理论上虽然可以立刻提升枪械的威力，但是由于枪械本身的构造导致并不能直接使用原设计口径以外的枪弹，膛室也必须同时一并更换掉。如果枪械只是更换枪管、膛室等部件，其他零件还是保持不变的话，枪械在使用中出现故障或者引发意外的概率就会增加。因此，只有在枪械各部件之间实现平衡，才能整体提升枪械的威力。

说起来简单，实际上改造枪械并不是普通人能够 DIY（Do It Yourseif）完成的，它需要专业的制枪人员使用专门的工具才能进行改装。不过，也有一些特种枪械在设计时就已经考虑到这个问题，如一些专门用于攻击有价值的目标所使用的反器材狙击步枪，射手只需要几个简单的步骤就能轻松地完成 12.7 毫米枪管与 14.9 毫米枪管之间的互换。

因此，人们通常会选择将同一口径枪弹进行改造的方法来提升枪械的威力。由于同口径的不同类型枪弹所装填的发射火药量各有不同，威力自然也会存在一定地差异。像手枪弹的弹壳内并不会完全填满发射火药，所以在需要时可以加装发射火药。此外，各型号枪弹的发射火药所燃烧的时间、产生的压力也不尽相同，只需变更火药种类或者将其混合使用，同样能起到增强威力的效果。不过这种方式只在特殊情况下使用。

性能平衡才能提升威力

如果想要增强枪械威力的话

对枪械进行改造

“扩膛”

把 .22 口径改为 .30 口径；
9 毫米口径改为 10 毫米口径

更换大口径枪管

换成长枪管或者口径更大的枪管

具体来说

要由专业的枪械工匠对枪械进行加工改造

最为简单迅速的解决方法

不直接对枪械本身进行改造，直接使用威力更大的枪弹

- 使用麦格农弹
- 自己改装威力更强的枪弹

※ 如果枪身强度不够的话很容易出现危险

无论采用哪种方式，都要保证枪械各部件之间的性能平衡，否则很难确保最终的易用性和可靠性。如果只是一味地增加威力而忽视后坐力对枪械的影响，最终的改装枪械就会变得难以使用

No.007 采用全自动射击的枪械威力更大吗

在人们的印象中，似乎能够连续射击的自动枪械要比半自动枪械威力更强一些，真的是这样吗？

射出的枪弹数量越多，威力越大

与半自动枪械（Semi Automatic）相比，只要扣下扳机就能连续射击的枪械称为“全自动枪械”（Full Automatic）。全自动枪械可以在短时间内连续发射大量枪弹，集中射向目标，从而轻易击毁那些单发枪弹无法破坏的目标。

之所以会这样，是因为在全自动枪械发射第 1 发枪弹的能量带给目标的冲击力扩散之前，又会持续累积第二、第三发枪弹的能量，从而起到威力增幅的效果。

在一定的距离内（400 米以内），全自动枪械虽然仅仅需要一发枪弹击中目标就足以对其造成致命伤害，但这是在精确射击时方能取得的效果。若是向目标持续射出许多发枪弹的话，同样可以击中目标令其瞬间丧失抵抗能力或者死亡，而且无需担心自己会遭到目标的反击。

在向中远距离（400 米以上）的目标射击时，全自动枪械会因为枪弹弹头个体差别的原因，导致弹头弹着点的变化范围很大。这时，虽然枪弹之间的威力增幅效果会有所减弱，但是能在一定范围内对目标形成火力压制。只要目标周围一直都有枪弹飞来飞去，那么就很难准确地掌握周围的实际情况，己方必然能够在战斗中处于主动、有利的态势。

虽然在战斗中全自动枪械的威力的确比半自动枪械的要大，但是它也并非没有缺点。首先，与半自动枪械相比，全自动枪械耗费的枪弹数量要大得多，也就是说，消耗在枪弹上的费用要更高。其次，为了保证枪弹的有效补给，需要更为有力的后勤补给保障体系。如果枪弹无法被顺利地送到前线士兵手中，一切都是白搭。

全自动射击时枪弹之间的增幅效果

何谓“全自动射击”

就是在扣下扳机以后，能够连续不断地发射枪弹的射击方式

对于每扣一次扳机只能发射 1 发枪弹的射击方式，称为“半自动射击”

将枪弹集中射向目标来破坏装甲

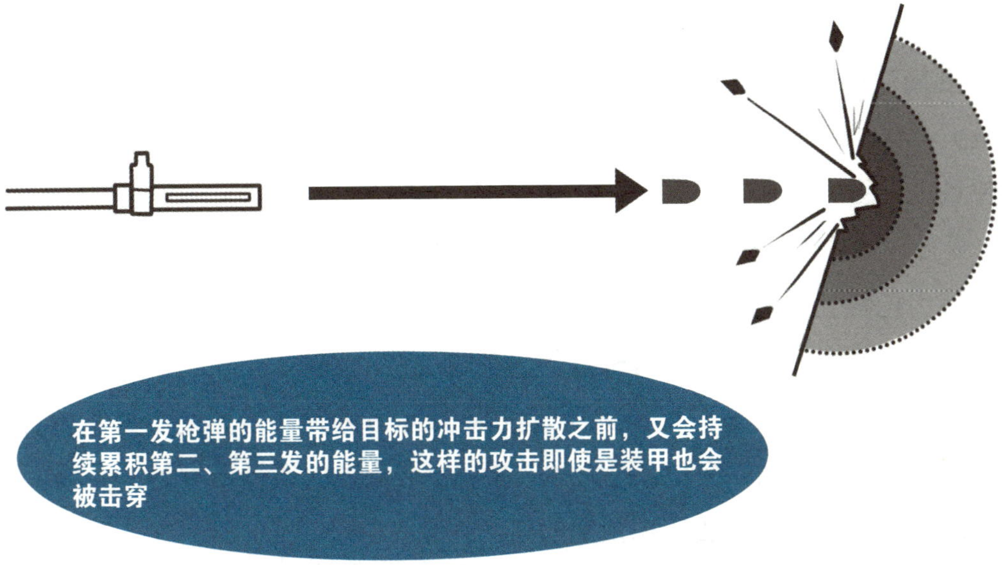

在第一发枪弹的能量带给目标的冲击力扩散之前，又会持续累积第二、第三发的能量，这样的攻击即使是装甲也会被击穿

虽然全自动射击的威力的确很大，但是对于枪弹的消耗量很大，及时补给是必须解决的重要后勤保障问题

No.008 大威力枪械的缺点是什么

大威力枪械从杀伤力上来说，的确要比普通枪械强许多，那它又存在着怎样的缺陷呢?

完美无缺的枪械并不存在

枪械本身就是一种用来破坏或者杀伤目标的武器，既然是杀伤型武器，自然是威力越大越理想。但是从实际使用情况来看，伴随着枪械威力的增强而产生的缺陷也不少。

首先，从世界各国军队大威力枪械的总体列装情况来看，与其他枪械相比，大威力枪械的列装数量相对比较少。这是因为军用枪械更加注重枪弹携带量、操作方便性、便携性、通用性、易维护性等特点，同时它的故障率还不能过高，因此综合性能比较均衡的突击步枪成为“军中的新宠”。而在警用枪械中，大威力枪械往往又被限制使用，只能在一些特定场合才能看到。由于大威力枪械的数量并不多，这类枪械在保养、维护等方面的费用要比其他枪械更高。

其次，大威力枪械通常尺寸较大，便携性很差。大威力机枪或者步枪的枪管很长，外形极其笨重，携带非常不方便。就算是大威力手枪也要比普通手枪大一号。而且，这类枪械所用枪弹的尺寸及重量也比普通枪弹更大、更重，携弹量也会受到严重影响。

另外，枪弹的补给也是一个问题。大多数枪械可以使用一些常见的枪弹，而大威力枪械比较特殊，一方面是因为其口径往往比较大，所用的枪弹并不常见；另一方面大威力枪械对枪弹的消耗也更快。

尤其是大威力枪械对于枪弹质量的要求近乎苛刻，毕竟使用这些枪械就是为了达到威力更强、杀伤力更大的效果，如果枪弹的质量不过关，威力不足，就算是命中目标，也无法实现预期的射击效果。

大威力枪械存在的问题

大威力枪械的杀伤力毋庸置疑，然而……

问题一

- 本身数量较少
- 无论是军用或警用，大威力枪械的配备不足
- 由于数量比较少，保养、维护的费用要更高

问题二

- 便携性不足
- 枪械本身又大又长
- 其中一些需要配合三脚架等辅助部件一起使用
- 枪弹的尺寸也很大

问题三

- 枪弹获取比较困难
- 本身口径、长度比较特殊
- 消耗快、价格昂贵

另外，大威力枪械对周围的影响也可能是缺点

1、枪弹的威力很大，能够穿透多层物体 ➡	误伤到无关人员的可能性比较高
2、有可能杀伤并不想攻击的目标 ➡	像榴弹这样的武器杀伤范围很广
3、使用者容易放松警惕 ➡	对威力的过于依赖而轻视周围的威胁

No.009 为什么转轮手枪更适用大威力枪弹

像“沙漠之鹰”这类使用麦格农弹的自动手枪出现以前，大威力的手枪几乎全都是转轮手枪。

转轮手枪几乎成了大威力手枪的代名词

转轮手枪（Revolver）是由转轮负责供弹，转轮一般有6个弹巢，为了方便大多数人使用右手的习惯，多采用向左甩出转轮装填枪弹、退出弹壳的方式，因此通常被人称为“左轮手枪”，其实“转轮手枪”与左右并无任何关系。

转轮手枪的历史非常悠久，早在16世纪欧洲就曾出现过火绳式转轮手枪，后来又出现了燧发式转轮手枪。到了19世纪，转轮手枪最终形成现在的外形，因其简单可靠、威力强大而风靡一时。

不久，携弹量更大、体积更小的自动手枪开始逐渐将转轮手枪取代。然而，由于这种自动手枪的构造复杂，并不适合用来发射麦格农弹之类的大威力枪弹。直到20世纪后期，随着枪械设计、材料工艺等技术的进一步完善，这才发展出一些大威力自动手枪。

转轮手枪结构比较简单，发射和完成下一发枪弹的装填都是以人力扣动扳机完成的。而自动手枪则需要利用发射气体的压力与反作用力来进行下一发枪弹的装填，如果改用大威力枪弹，枪械内部结构必须要进行相应的调整，转轮手枪则没有这个必要。此外，就算出现枪弹故障，转轮手枪只须再次扣下扳机，就可以继续发射下一发枪弹。

正如我们所知道的，大威力的转轮手枪通常枪管很长。这是因为它使用的大威力枪弹中所装填的发射火药比较多，为了能够保证火药的完全燃烧，需要拥有比普通手枪更长的枪管。现代步枪“射程远、威力大、精度高”的特点也是基于同样原理。

凭借可靠性与大威力风靡一时

结构简单、坚固的转轮手枪就算使用大威力枪弹，也很少出现故障

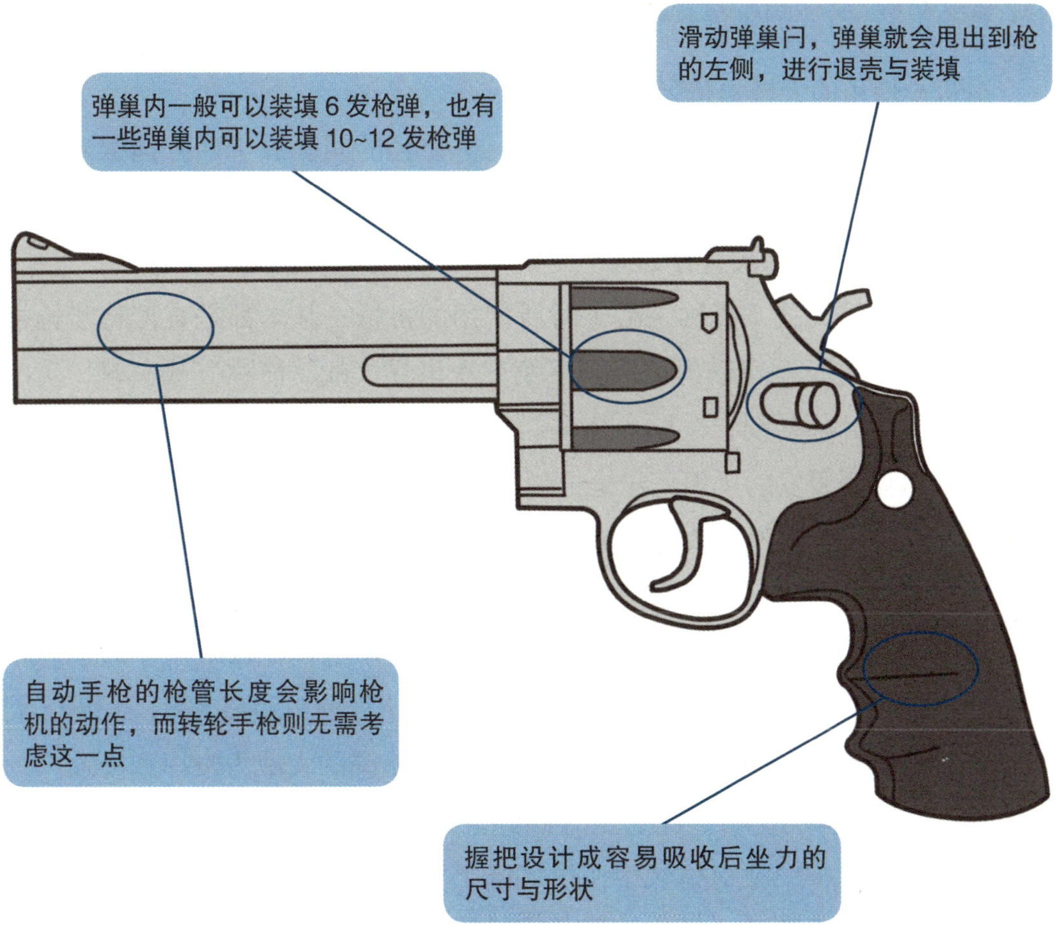

S&W M29 转轮手枪

蛮牛（Raging Bull）转轮手枪

鲁格超级红鹰（Super Redhawk）转轮手枪

S&W M500 转轮手枪

各个时代威力顶尖的手枪都是转轮手枪

No.010 12.7毫米枪弹有什么用途

12.7毫米通常是重机枪的标准口径，除了重机枪以外，一些大威力步枪、转轮手枪也选择了同样口径。

重机枪使用的大威力枪弹

12.7毫米枪弹也就是.50口径枪弹，.50口径的叫法源于西方国家对枪弹口径的通用称呼，这里的数字是0.50、0.45、0.38的简写，单位为英寸。换言之，.50口径就是指弹头直径为0.5英寸。

第一次世界大战（简称一战）时所使用的机枪，基本都是直接将步枪枪弹装入弹链后进行全自动射击。到了第二次世界大战（简称二战）时，美国著名的枪械设计师勃朗宁（John Moses Browning）参考了一战末期德军专门为对付英军坦克而研发的反坦克步枪枪弹，研发出专门供重机枪使用的.50口径（12.7×99毫米）枪弹，从此机枪的火力得到了质的提升。

20世纪80年代，随着远程狙击战术的发展，.50口径枪弹凭着大杀伤力的特点，经过改进后被选为反器材狙击步枪的专用枪弹，常常用于攻击远距离（1 000米-2 000米）的有价值目标。相对于机枪的中距离大范围扫射，大型反器材狙击步枪能够远距离精准地将.50口径枪弹的大威力发挥到极致。

.50口径枪弹的弹头尺寸很大，因此可以很容易将它改造成其他特殊用途的专用枪弹。比如，要对付装甲车这类陆上军用车辆的话，可以选择使用坚硬的穿甲弹；若是要攻击低空飞行的直升机、飞机的话，就要使用弹头装有炸药的高爆弹；其他可供选择的还有燃烧弹、被甲弹等。

现在，除了重机枪与反器材狙击步枪这些大型枪械使用.50口径枪弹以外，还有S&W公司生产的M500大威力转轮手枪也使用该口径枪弹。不过，由于使用枪弹的长度、形状等原因，M50使用的.50口径枪弹并不能与机枪的枪弹通用。

尺寸和威力都很惊人的 .50 口径（12.7 毫米）枪弹

.50 口径枪弹 = 基于德军的反坦克步枪枪弹所研发出来的大威力枪弹

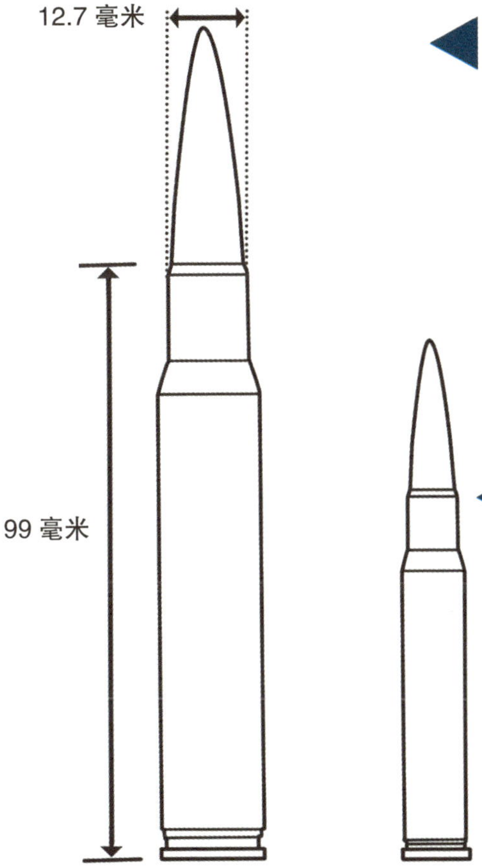

12.7 × 99 毫米（.50 口径）枪弹

用途
● 勃朗宁 M2 之类重机枪
● 反器材狙击步枪

7.62 × 63 毫米枪弹

这两种枪弹外形基本相同，只是大小比例不同而已

S&W 公司的 M500 转轮手枪使用的也是 12.7 毫米枪弹，但是枪弹形状、长度都不同，所以无法使用 12.7 × 99 毫米枪弹

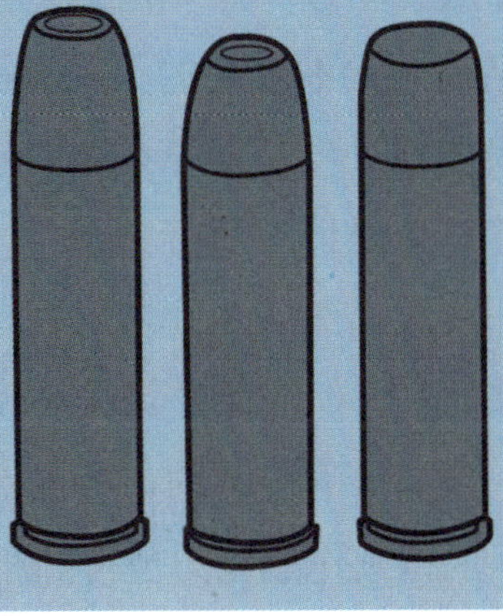

No.011 突击步枪使用的枪弹威力大吗

突击步枪是为了适应现代战争需要而研制的一种射速较高、射击稳定、后坐力适中、枪身短小、携带方便的中型枪械。

口径缩小的突击步枪

突击步枪（Assault Rifle）是现代世界各国广泛使用的军用制式武器，世界上最有名的突击步枪无外乎苏联的AK系列突击步枪和美国的M16系列突击步枪。在突击步枪的发展过程中，枪弹尺寸一直是个焦点问题。至今，世界各国研制的突击步枪大多使用5.56毫米（美式）和5.45毫米（苏式）这两种口径的枪弹枪弹。

在越南战争中，7.62毫米的AK枪族与5.56毫米的M16枪族进行过一场漫长而又激烈的较量，AK-47突击步枪凭着强大的威力、稳定性以及适用性使美军在这场较量中吃尽苦头。在这次对抗中，AK枪族虽然占据了上风，但是，北约国家在综合评估枪弹威力与可携带枪械数量等因素之后，正式将5.56毫米口径定为军用突击步枪的制式标准。随即全世界范围内开始逐渐风行，M16突击步枪在这一过程中起到了里程碑式的作用。20世纪70年代，AK-47突击步枪的升级版5.45毫米的AK-74突击步枪也正式加入到小口径突击步枪的行列。

虽然，5.56毫米枪弹的弹头比较轻，在一些地形复杂或者远距离的战斗中，枪弹威力明显不足。但是，仅凭此就片面评价5.56毫米口径的突击步枪威力不足是非常不客观的。一方面，枪械（枪弹）的威力的确是要通过弹头的重量来体现，可是就算是本身重量比较轻的弹头，只要能够高速发射，其蕴含的能量也足以对目标造成巨大的杀伤力；另一方面，现代突击步枪本身的有效作战距离约为500米可视范围以内，虽然射程的确比不上7.62毫米突击步枪来的远，但能保证其在射程内的杀伤力，足以应对各种状况。

突击步枪枪弹的口径减小以后，士兵可随身携带的枪弹数量得以增加，单兵的持续作战能力也得到相应地提升。

突击步枪枪弹的威力

使用 5.56 毫米、5.45 毫米枪弹，更重视枪械的轻巧、便携

M16A2 突击步枪

美国制

越南战争中 M16A1 突击步枪的改良型

AK–74 突击步枪

苏联制

AK–47 突击步枪的小口径版

北约所采用的步枪枪弹

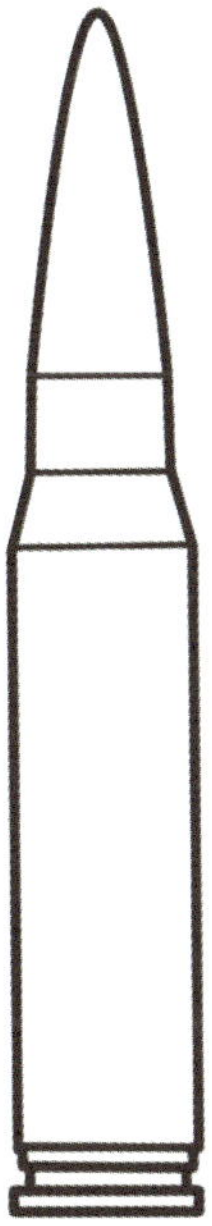

7.62×51 毫米枪弹

此前北约各国通用的制式枪弹，部分枪弹仍在使用

适配枪械
M14 步枪
M60 通用机枪等

5.56×45 毫米枪弹

基于近距离战斗而研发的小口径枪弹，弹体更小，可携带更多枪弹

适配枪械
M16 步枪
M249 班用机枪等

No.012 同样是 7.62 毫米枪弹，为何不能互换使用

有许多枪械使用的都是 7.62 毫米枪弹，但是似乎各类枪械之间的枪弹并没有办法互换使用。

长度、形状不同

在 M16、AK–74 等小口径突击步枪得到广泛应用之前，7.62 毫米口径曾是很多国家军用枪械的制式标准。

7.62 毫米枪弹（7.62×63 毫米）曾在二战中被广泛地运用在各国研制生产的各型轻机枪、步枪等枪械上。如美制的 M1 式加兰德步枪、M1917 式勃朗宁重机枪等，使用的都是这种口径的枪弹。由于 7.62 毫米换算成英制单位为 0.3 英寸，再加上它是在 1906 年研发出来的，因此这种枪弹被命名为 30–06 枪弹。

随后，有人用 30–06 枪弹进行了全自动射击试验，不过它表现并不完美，它在连续射击时后坐力很大，不太适合全自动枪械枪弹的需要。于是，在 30–06 枪弹的基础上经过改进，缩短了枪弹弹壳长度、减少了发射火药的装填量后，最终定型为 7.62 毫米制式枪弹（7.62×51 毫米枪弹）。当初在北约各国推行枪弹通用化的过程中，美国不顾欧洲各国的反对，强行将这种 7.62 毫米口径枪弹定为北约制式枪弹口径标准。虽然从口径上看，这两种弹头的尺寸都是 7.62 毫米，不过由于枪弹的长度不同，因此不能互换使用。

美国的 M14 自动步枪就是在这次通用化风潮中出现的。不过，由于越南战争中 M14 步枪在面对使用 7.62 毫米中间型威力枪弹的苏制 AK–47 突击步枪时，在威力方面有所不及，再加上当时 M14 步枪的故障频出，美军只得提前将 M14 步枪及与之配套的 7.62×51 毫米枪弹退出现役，遂将新服役的小口径 M16 突击步枪使用的 5.56 毫米枪弹定为现在北约通用的制式步枪枪弹。

30-06 枪弹与 7.62 × 51 毫米枪弹

同是 7.62 毫米枪弹，外形尺寸各有不

30-06 枪弹（7.62 × 63 毫米）

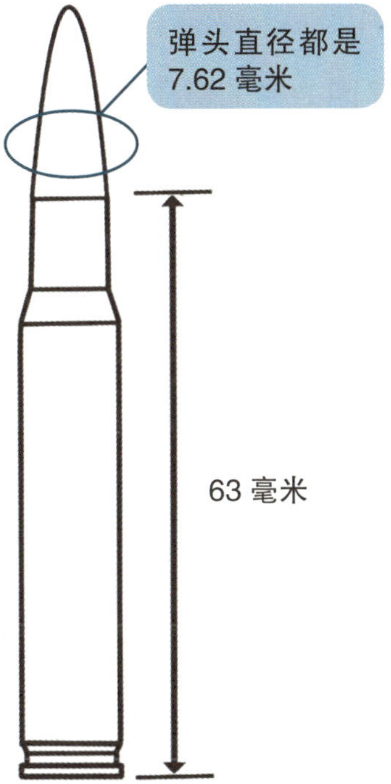

配用枪械
M1 式加兰德步枪
M1917 式勃朗宁重机枪

7.62 × 51 毫米枪弹

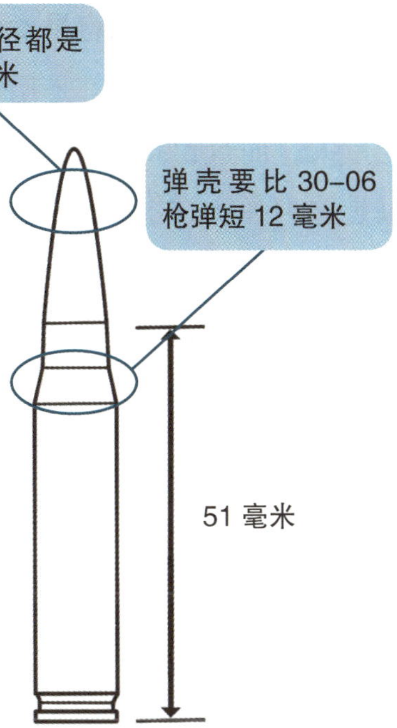

配用枪械
M14 步枪
M60 通用机枪

二战时大量生产的 M1 卡宾枪所用的 7.62 × 33 毫米枪弹要比以上两种更短，二战后因为威力不足的缘故，所以并没有得到普及。

另一方面，苏联的 7.62 毫米枪弹也是如此

7.62 毫米 × 54R=M1891/30 步枪等使用

7.62 毫米 × 39R=AK47 突击步枪等使用

这两种枪弹也不能互换

No.013 穿甲弹的威力究竟有多大

穿甲弹是一种凭借穿透力破坏目标的枪弹，主要针对安装了轻型装甲的目标。

穿透力很强，也容易发生跳弹现象

一般的枪弹弹头都是用铅制成的，这是因为铅的材质比较软，容易加工，比重大，而且价格便宜。这种弹头对于穿透肌肉组织来说并没有多大问题，但是这种弹头在击中坚硬的物体以后，还没等贯穿目标，弹头就已经碎裂，根本无法发挥出足够的杀伤力，对付轻型装甲目标也是如此。因此，人们专门研究出由更坚硬金属材料制成的穿甲弹头来加强威力。

穿甲弹的弹芯是用非常坚硬的钢合金或者钨合金制成，常见的穿甲弹有钢芯穿甲弹与燃烧穿甲弹。所谓钢芯穿甲弹，是在弹头中增加了一根钢芯，可以利用高硬度的金属钢芯击穿装甲。所谓燃烧穿甲弹，就是在穿甲弹弹头内部装有燃烧剂，可以在贯穿目标的同时引燃目标。对于穿甲弹的高强度弹头而言，能够将枪弹弹头的能量充分集中在弹着点上。通常枪弹弹头本身的动能越大，所具备的穿透力也就越强。按照这个原理，像长枪管步枪这类枪械方能赋予枪弹弹头更快的速度，使其真正地发挥出穿甲弹的杀伤力。

当然，与我们前文所介绍的其他枪弹一样，弹头的大小、重量也是影响穿甲弹威力强弱的重要因素。如果弹头本身过小，就算是选用再坚硬的弹芯，也不足以发挥出足够的威力。因此，大口径步枪才是最适合发射穿甲弹的枪械。

穿甲弹与普通枪弹相比，更侧重的是弹头的穿透力。要是以人体或者动物等为目标的话，就算命中，在充分释放出本身动能之前，枪弹就已经穿透出去了，根本无法发挥应有的威力。另外，在击穿目标以后，弹头还有可能会击中其他物体产生跳弹，从而误伤无辜平民或者同伴。因此，穿甲弹一般只用来攻击穿防弹衣或者配有轻型装甲的特定目标。

穿甲弹的材质

穿甲弹

主要是用来对付配备了轻型装甲的目标，如果想充分发挥弹头的穿透力，对弹头的尺寸大小具有一定要求

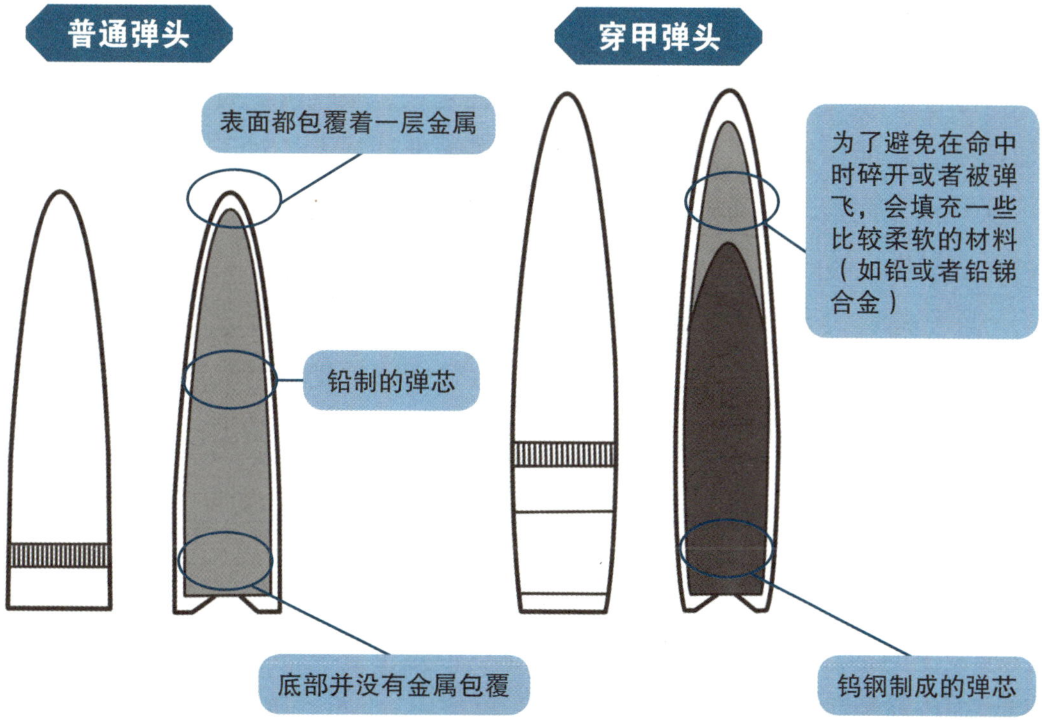

为了避免铅制弹头轻易变形，会在弹头外层包覆一层金属壳，这种枪弹叫做全金属被甲弹

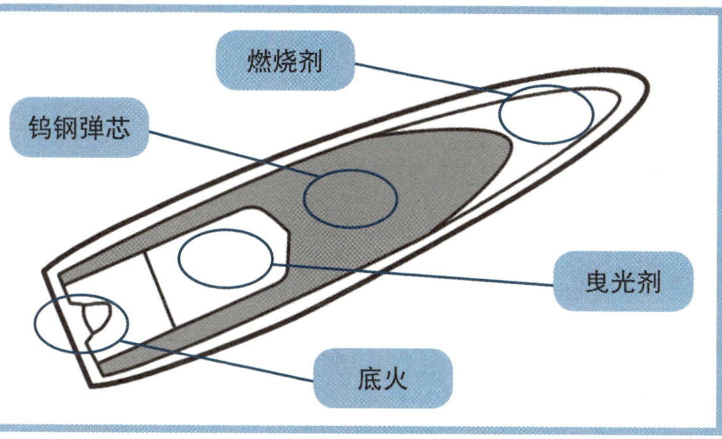

将磷化物制成的燃烧剂装填进穿甲弹制成的燃烧穿甲弹，不仅能够起到曳光弹的作用，还能使弹头穿透目标并引起燃烧

No.014 重型枪管有什么用

大威力枪械与普通枪械相比，枪管通常更粗、更长，这样的枪管能起到何种作用呢?

又粗又长的重型枪管

枪管（Barrel）是枪械的主要组成部件之一，不仅可以有效地为弹头提供加速度，还能保证弹头的飞行轨迹维持在瞄准基线上。对于一些大威力、高精度的枪械而言，普通的枪管并不足以承受其所用枪弹产生的高温、高压，也无法提供足够的精度。

重型枪管大多使用在需要长时间连续射击的机枪或者威力巨大的反器材狙击步枪上。原因很简单，其一，重型枪管能够承受这类武器射击时产生的反作用力；其二，重型枪管能够更好地保证枪弹飞行的精度；其三，也是最为重要的，因为重型枪管的耐热性要比普通枪管强很多。

在进行连续射击的时候，枪管在弹头摩擦及高温气体发射的影响下会迅速发热，哪怕仅仅是连续发射十几发枪弹，枪管也会变得非常烫手。如果仅仅是烫手的话，只需安装护木就可以了。但是枪管发热还会造成膛线磨损，影响到枪弹的初速和射击精度。

采用重型枪管的话，由于枪管较厚，发射时产生的热量可以通过热传导有效地扩散开来，减轻了枪管内膛因为发热而造成的损伤。同时，延长了枪械连续射击的时间，甚至可以进行不间断射击。因此，大多数自动射击连发枪械都会选择重型枪管。

此外，像那些不追求连续射击性能，但对射击精度要求很高的竞技用枪、狙击步枪等专用枪械，采用重型枪管可以有效地降低后坐力对射击精度的影响。

目前，对于重型枪管的衡量标准还没有一个明确的定义，通常只要枪械使用的枪管比同类枪械的标准枪管厚，就可以称之为重型枪管。

重型枪管的优势

采用重型枪管的原因

- 散热效果好
- 能够调整枪身的重量平衡
- 增强枪管的强度

普通枪管

枪管比较薄，热传导很快，很容易达到耐热极限

重型枪管

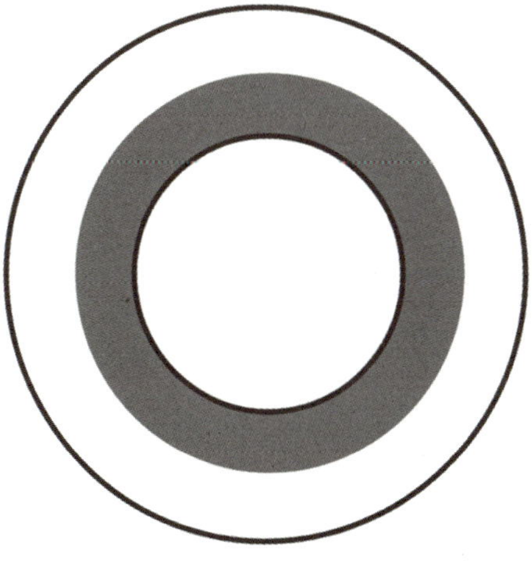

枪管很厚，在枪管本身达到耐热极限以前有足够的时间散热，枪管可以支撑更久

对于强调连续射击性能的机枪来说，使用重型枪管及可更换枪管非常重要

No.015 手枪使用的高爆枪弹的特点是什么

高爆枪弹是一种枪弹内装有高爆炸药的特殊枪弹，在命中目标以后会发生爆炸，杀伤力较强。

为了对付劫机事件而研发的

高爆枪弹与普通枪弹的区别，主要在于其弹头内部装填有适量的高爆炸药，普通枪弹则为全金属弹头，高爆枪弹的威力自然要比普通枪弹强很多。军用的高爆枪弹大多使用在大口径的机枪或者机炮上，能够对一些轻型装甲车辆、飞机等目标构成威胁。

手枪选用高爆枪弹并非主要出于军事目的，也是针对二战后全世界日趋严重的民航劫机事件。由于飞机座舱空间的限制，并不适合使用像步枪这类大型枪械。另外，由于步枪枪弹的威力很大，射击时万一弹头穿透机身，后果不堪设想。于是，手枪被选为机上安全人员的自卫型武器。但是，一般的手枪枪弹并不能保证射出后能适时停止，弹头还是有可能会击穿机舱，因而，手枪用高爆枪弹成为反劫机专用手枪枪弹的首选。该枪弹采用了手枪弹头与炸药相结合的设计，减少了弹壳中的发射火药量，弹头中再填以适量的炸药，击中目标时，弹头中的微型引爆装置会触发微型爆炸，从而将目标制服。虽然高爆枪弹降低了枪口初速及射程，但是它的威力并未减少，同时，弹头不会对机舱内部造成太大的损害，可以确保其他乘客的生命安全。

在一些影视作品中，常常会看到演员用手枪发射高爆枪弹后引起爆炸的火爆场面。事实上，由于手枪枪弹的尺寸比较小，除了装填发射火药以外，并不能容纳太多高爆炸药。

至于有没有一种枪弹能够像电影中那样在发射以后产生大范围的杀伤力，答案是肯定的，这种枪弹就是葛雷瑟安全弹（Glaser Safety Slug），葛雷瑟安全弹是将细小的钢珠，也就是“鸟弹”（Bird Shot）以铜皮包覆，再用聚合物作盖塞将弹头密封起来装入弹壳内。它的杀伤效果与霰弹相似，一旦弹头击中目标物，体尤其是人体，盖塞就会马上碎裂，造成类似于爆炸的效果。

手枪使用的高爆枪弹

手枪所用的高爆枪弹并不是单纯为了增强威力，而是为了防止跳弹或者避免枪弹贯穿目标以后伤到其他人

高爆枪弹

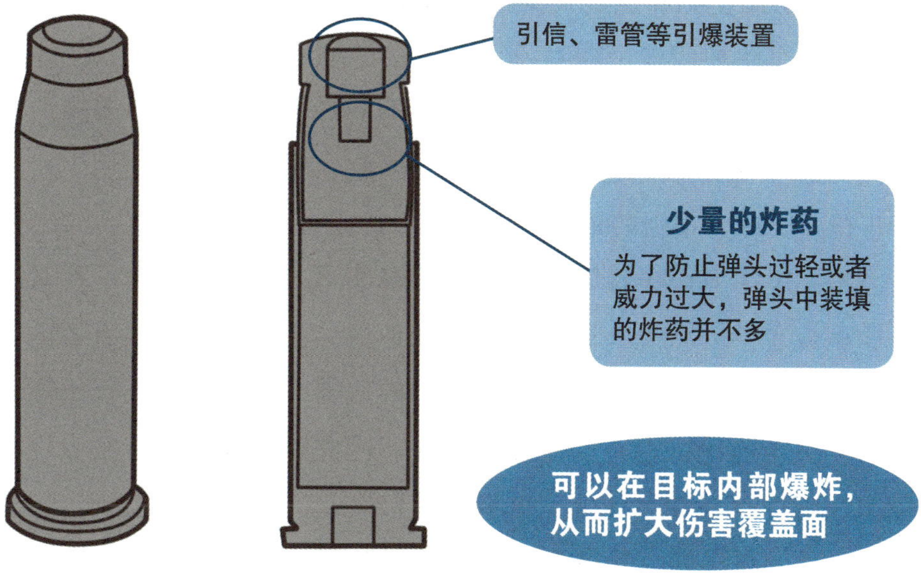

葛雷瑟安全弹（Glaser Safety Slug）

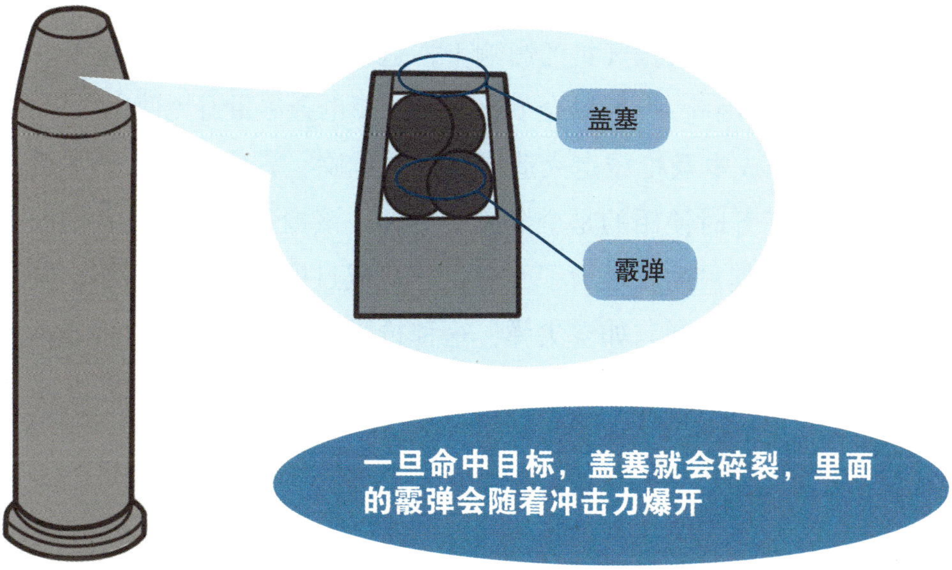

No.016 警用枪械有什么特殊要求

军用枪械纯粹追求大威力，要求一击毙命，而警用枪械则要考虑许多因素，多以震慑，让犯罪嫌疑人丧失抵抗力为目的。

威力足够制止犯罪嫌疑人实施犯罪行为即可

警察与军队在职能上各有不同，警察的职责是维持治安，制止犯罪行为的发生，保护普通民众的安全。与军队不同，一般情况下，警察所面对的大多是武力相对薄弱的普通罪犯嫌疑人，因此，根本不需要使用大口径的机枪或者步枪这类威力很强的枪械，通常多配备威力一般的手枪。

当然，这并不意味着所有地方的警察都是这样。像欧美一些对枪械管制并不严格或者治安状况比较差的国家和地区，犯罪嫌疑人很有可能会使用一些大威力枪械从事犯罪活动，如果警方的武器装备太弱，不仅不能制服犯罪嫌疑人，甚至连保护自身安全都成问题。因此，在新闻上常常可以看到警察手持 M16 突击步枪执行任务，也就不足为奇了。

与普通警察不同，特警主要针对的是劫持人质、团伙型暴力犯罪等严重突发事件，他们在执行任务时通常会允许使用像狙击步枪这类的大威力步枪。不过，由于对射击精度的要求很高，特警如果在案发现场使用后坐力较大的大口径手枪，在现场紧张气氛的影响下，射击时很容易会出现偏差，达不到预期的威慑效果。因此，一般场合下就算是特警也会尽量避免使用大口径手枪。

考虑到枪弹成本及枪械走火造成误伤的危险，警方在进行平常射击训练或者执行一般任务时使用的是全金属被甲弹，该枪弹的铅制或者钢制弹头外包有一层铜皮，其目的就是为了不对目标造成过度的伤害。当然，警察也会使用杀伤力更强的枪弹，如空尖弹，这种枪弹的适时停止能力很好，弹头前端开孔或带有特殊的刻痕，命中目标后弹头会以刻痕为中心扩张开来，对目标形成更大的伤害。

警用枪械的标准

警用枪械不如军用枪械吗?

警方选择枪械时会根据罪犯的火力以及周围环境等方面考虑，也可能使用一些大威力枪械

军队的目标 = 敌国军队

一些特殊枪弹的使用会受到国际公约的限制

警察的目标 = 犯罪嫌疑人

法律允许的情况下可以选择更多的枪械或者枪弹

执行任务不同，选择不同

军队
主要使用全金属被甲弹 → 表面包覆金属的枪弹，命中目标以后不会变形，穿透力很强

警察
空尖弹 → 弹头的铅是裸露的，击中人体以后很容易变形，造成伤口扩大，杀伤力很强

按照国际公约的相关规定，军队不得使用超过 .50 口径（12.7 毫米）反器材狙击步枪来射击人体，而警方就不一定需要遵守这个规定了

No.017 为什么美国人特别钟爱.45口径手枪

1985年，已经在美军服役70多年的柯尔特M1911手枪逐渐退出现役，但是美国的一些机构仍在继续使用.45口径的M1911手枪。

对大口径手枪的信赖

M1911自动手枪作为美军的制式手枪服役时间长达70多年，与欧洲盛行的9毫米口径手枪不同，柯尔特M1911手枪的口径为.45口径（11.43毫米）。虽然它在1985年开始全面退出美军现役，被伯莱塔9毫米M9自动手枪所替代，但是，各种型号的M1911手枪仍在持续生产并提供给执法机构、保安人员和民间爱好者使用。而今，在美军的特种部队中，M1911手枪仍然是一些特种队员首选的自卫武器。

虽然M9手枪与M1911手枪一样，两者的性能都很可靠，而且故障率很低，但是由于在海湾战争中，使用M9的美军士兵常常抱怨它的停止作用不如M1911手枪。根据美军传统，士兵可以自行配备武器用于战争中，因此，M1911手枪一直没有被完全彻底淘汰掉。

美军使用.45口径手枪的时间最早可以追溯到20世纪初镇压菲律宾原住民的叛乱中。在当时的战斗中，由于杀伤力不足，原住民的摩洛族战士常常无视美军.38口径（9毫米）枪弹的射击并发动冲击，美军遂将威力更强的.45口径转轮手枪投入战斗中。这就是美军长期以来认为.45口径手枪在战场上更为有用的主要原因之一，M1911手枪也因此而成为美军的制式手枪。

随着9毫米口径自动手枪开始流行，包括美国著名的枪械制造商S&W公司在内的多家制造商，都研制生产了使用9毫米枪弹的自动手枪。但是，实战中美国警方发现，使用9毫米自动手枪对付一些亢奋的犯罪嫌疑人时，往往需要连续发射多发枪弹才能将其击倒，甚至还发生过FBI探员被中枪的疑犯反击致死的事件。后来的研究指出，其威力不足的原因是由于弹头的形状所导致的，不能就此断言9毫米口径手枪的威力不足。即便如此，美国人长期偏爱.45口径的习惯也不会在短期内有所改变。

大威力的 .45 口径手枪

.45 口径枪弹

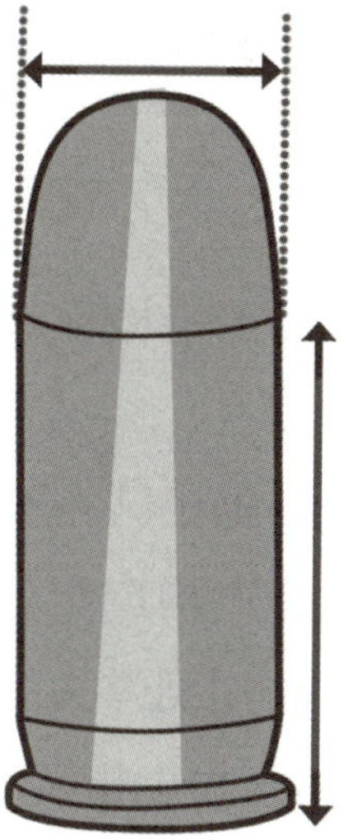

尺寸：11.43×23 毫米

弹头重量：约 14.9 克

9 毫米鲁格弹

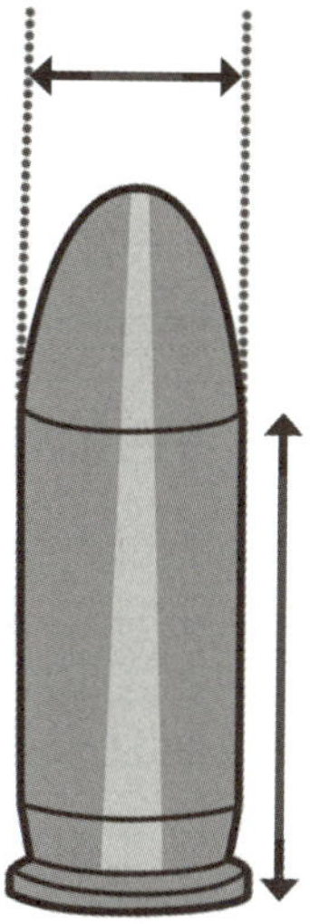

尺寸：9×19 毫米

弹头重量：约 8 克

M1911A1 手枪

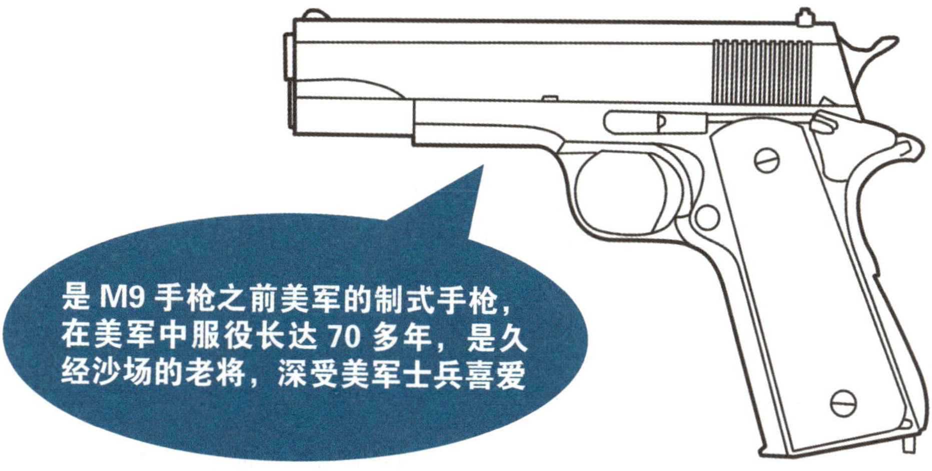

美国人对 .45 口径手枪的喜爱程度几乎到了偏执的地步，除了专门开发出许多 .45 口径的手枪以外，还会把欧洲的一些 9 毫米手枪重新改造成 .45 口径的版本使用

No.018 单发枪械是否已经成为历史

虽然旧式枪械的结构简单，一次只能装填一发枪弹，射击后须重新装填，但是在当今的某些特殊领域，依然在使用这种枪械。

一次只能发射一发枪弹的枪械

内部没有供弹具，每次只能装填、发射一发枪弹的枪械称为单发枪，一些拥有双枪管或者四枪管的枪械，被称为单发多响枪。

与现代自动手枪、突击步枪、机枪相比较，这类枪械已经不太能适应现代战争的需要。当然，单发枪械也并非一无是处，它的构造相对简单，整体结构非常坚固，而且发射火药产生的能量能够完全作用到弹头的加速上，因此威力比较大。与之相对应的，射击手需要承受的后坐力也相当大。

在两次世界大战期间，德国与苏联所使用的反坦克步枪就是单发枪械的代表。由于其后坐力非常大，射击时枪托会撞疼肩膀，士兵都是以左右肩轮换的方式来进行射击。

采用单发式设计的现代反器材狙击步枪可以有效地降低成本，简化枪械结构，减轻整枪的重量。而且，单发式反器材狙击步枪已经拥有较为完善的后坐力吸收系统，在射击时产生的后坐力对于射击精度的影响已经越来越小。尤其是它在远距离（1000 米以上）射击目标的时候，熟练的射击手可以首发就命中目标，基本上不会出现双方相互对射的情况。

单发手枪一般多为射击竞技或狩猎用枪械，该类手枪外形看起来更像是无枪托设计的中折式单发步枪。其中，狩猎手枪虽然每次只能发射一发枪弹，但是由于它还能发射步枪枪弹，对目标具有比较强的杀伤力。因此，在一些限制步枪使用的地区，这种枪械通常是猎人的首选。

此外，还有单兵榴弹发射器之类发射大型枪弹的枪械，基本也都是采用单发式的设计。

装弹数：1 发

单发枪每次只能发射一发枪弹

- 结构简单且坚固，能够使用威力很大的枪弹
- 枪弹数量少，对射击手的技术要求很高

早期的反坦克步枪

由于技术的原因，为了使用能够击穿坦克装甲的枪弹，只能采用单发式设计

射击竞技与狩猎用的单发手枪

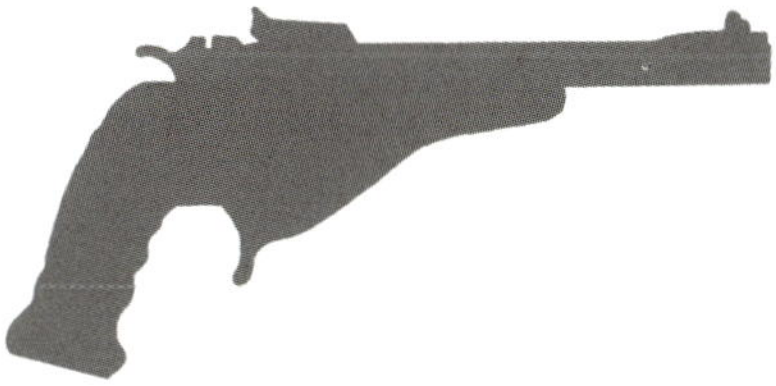

这类活动对于射击精度与威力要求比较高，因而会选用性能稳定的单发手枪

榴弹发射器

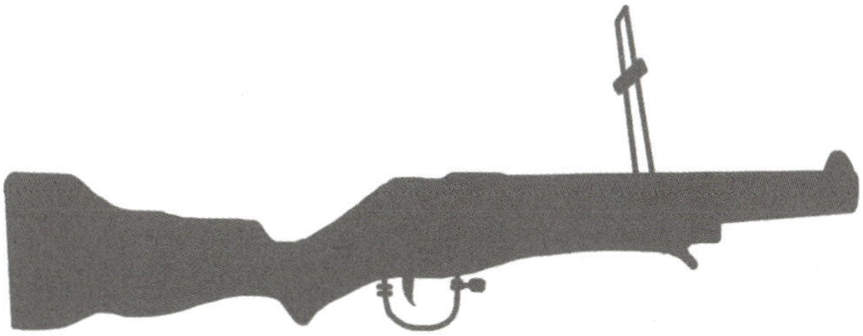

受到枪弹尺寸的限制，无法制成连发式

就算是现代枪械中威力很大的反器材狙击步枪，其中也有单发的型号，由于它的射击目标大多都在 1000 米以外，因此无需担心目标对象的反击

No.019 枪口制退器的作用是什么

枪口制退器（Muzzle Brake）是一种安装在大口径枪械前端的装置，具有减缓后坐力，提高命中率的作用。

外形很像加农炮的枪口

制退器是一种用于减缓枪炮后坐力的枪械专用零件。枪口制退器的外形与加农炮、坦克炮炮口的外形极其相似，其作用也跟它们是一样的。当枪弹发射后，产生的发射气体会从制退器的左右两侧散开，从而抵消一部分后坐力。

最为常见的装有枪口制退器的枪械是反器材狙击步枪。由于反器材狙击步枪的口径比较大，枪弹中装药量较多，因而在发射的时候会产生大量发射气体。对像狙击步枪这类追求“一击必杀”的高精度枪械而言，要是没有安装枪口制退器，射击时产生的后坐力就会过大，势必会严重影响到最终的射击精度。

制退器的实际使用效果由其左、右两侧的孔洞数量来决定，同时，还会受到孔洞角度的影响。像反器材狙击步枪的枪口制退器，虽然能够很大限度地抑制后坐力，由于喷射出的大量发射气体在射击时会扬起枪口周围的沙尘，这不仅会遮蔽射击手的视线，还有可能暴露出射击手所在的位置。不过，在使用反器材狙击步枪射击时，由于与目标的距离一般比较远，就算暴露了位置也很少会遭到目标的反击，毕竟，其他枪械的射程不如狙击步枪的射程远。

在一些机枪上也会安装枪口制退器，机枪上的制退器往往还具有消焰器的作用。

还有一种比较罕见的方式，主要是针对采用导气式原理设计的自动枪械，不仅不会想办法抑制后坐力，反而会安装枪口增压器来保证枪械的射击精度。

通过释放发射气体减轻后坐力

枪口制退器就是用来减轻射击时的后坐力的装置

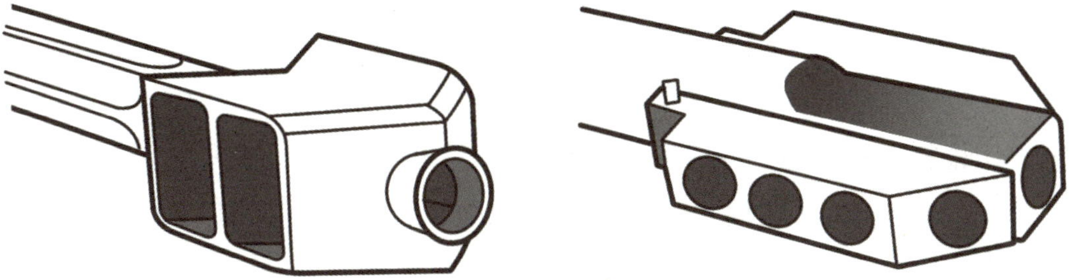

反器材狙击步枪的枪口上会装有各式的制退器

枪口制退器的工作原理

二战中德军使用的 MG42 通用机枪，为了利用发射气体的反作用力来确保枪机动作，在枪口安装了与制退器功能相反的增压器

No.020 枪管上的排气孔起到什么作用

在一些大口径枪械或机枪枪管上，我们常常可以看到枪口周围布有许多的小孔洞，它们起到什么作用呢？

为了减轻“枪口上扬”现象

枪械在射击时由于发射气体的作用，会产生后坐力。像步枪等大型枪械可以用枪托抵住肩膀，同时用手托住枪管来抑制后坐力，但是，手枪这类小型枪械就只能依靠握把了。于是，在手枪射击时，因后坐力的影响，手枪枪口会产生比较严重的“上扬”现象。

枪口上扬会导致射击的精度下降，命中目标的概率也自然随之降低。要想提高射击精度，就必须减轻枪口上扬的现象，人们想出了许多办法，其中最为简单的方式就是从发射气体入手。由于在射击时枪口会喷出大量发射气体，从而产生向后的反作用力，因此只要想办法将这种反作用力抵消，自然就能够降低后坐力，减小枪口上扬的幅度。枪口制退器就是基于这种思路而研发的。

那么，对于一些不足以安装制退器的小型枪械而言，应该怎样解决呢？在枪口设置排气孔不失为一种有效的方法。这种排气孔与制退器的作用相似，一般设在枪管的上方或者左右两侧。还有一些口径比较大的手枪型号，还会在枪管下方设置较小的排气孔，保持排气平衡。

有了排气孔以后，射击时产生的发射气体可以部分从排气孔排出，枪口喷出的发射气体自然会减少，从而达到降低后坐力，减小枪口上扬幅度的效果。

排气孔的设置需要精密计算，否则就算缓解了枪口上扬现象，枪口也可能会朝别的方向跳动。对于一些枪管被包覆或者枪管比较短的枪械，现在往往会安装抑扬器达到减小枪口上扬幅度的目的。

主要用于手枪等容易发生枪口上扬现象的枪械

在枪口附近设置排气孔，令发射气体向上或者向左、右两侧散开，起到抑制枪口上扬的作用

排气孔

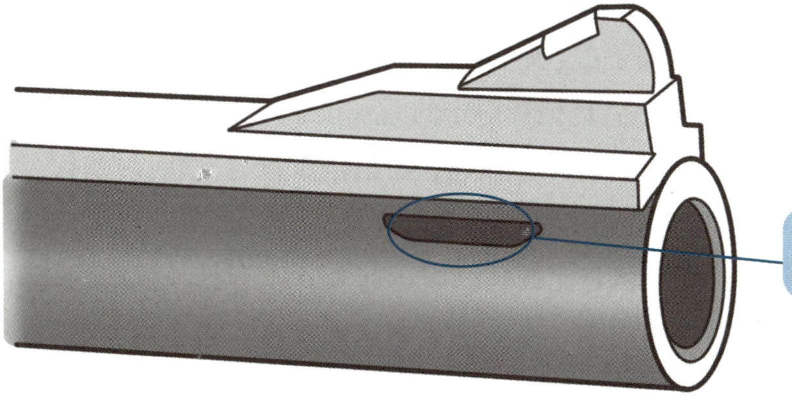

排气孔中喷出的发射气体非常猛烈，如果手或脸过于靠近会被烫伤

抑扬器

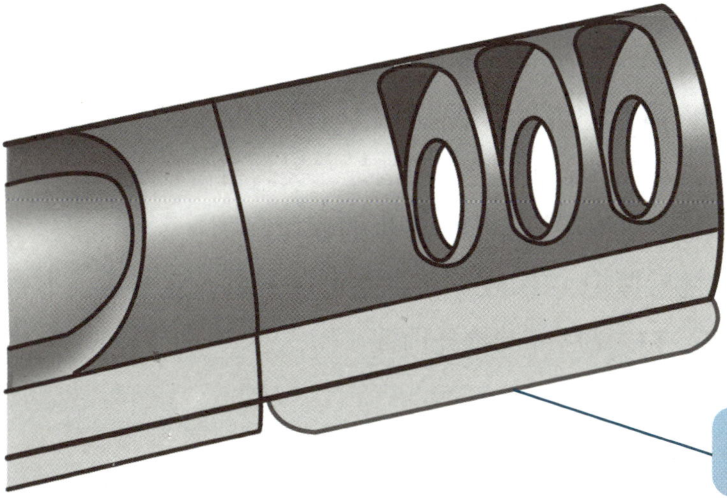

在一些冲锋枪或者霰弹枪上也装有这种零件，不但可以抑制枪口上扬，还起到收束霰弹着弹点的作用

No.021 枪的提把和前握把分别有什么作用

一些比较大型的枪械上都装有专用手提的把手，有的突击步枪或冲锋枪在枪身前部还会加装上辅助性握把。

提把 = 搬运时的手提把；前握把 = 增加稳定性的握把

在一些大型的枪械的枪身上，如狙击步枪、机枪等，会设计专门用来提枪的提把（Carrying Handle）。提把在射击的时候没有多大用途，它主要是用来搬运枪械，方便在战斗中迅速转移阵地。在狙击步枪上安装提把时，为了防止提把影响瞄准与射击，一般会选用折叠式提把。

大型枪械的枪身、枪管相对比较长，搬运起来并不容易，提把的位置会选择安装在全枪的重心点的周围，以此减少搬运的难度。当手持大型枪械移动的时候，还须注意平衡枪身的重心，当双手握在重心附近的位置时可以很好地找到平衡点，要比只握持枪托移动更为容易。

除了提把以外，有的枪械会在前方装有前握把（Foregrip）。前握把是辅助握把的一种，主要是用来提高射击的准确度，减少后坐力的影响，保持稳定性，同时，还能够避免射击手被射击时枪管产生的热量所灼伤。

大部份前握把一般会安装在护木下方，采用固定式或折叠式设计。理论上在全自动射击模式时，前握把可以有效提高枪械的射击精度。现代自动步枪还可以通过战术导轨加装可拆式前握把。前握把在提高射击稳定性的同时，还能在一定程度上减轻射手在维持射击姿势产生的疲劳感。

另一种辅助性握把是后握把（Reargrip），它可以分散一定的后坐力。大部份枪械的后握把都固定在枪械后部的枪托前面。

提把与前握把

提把

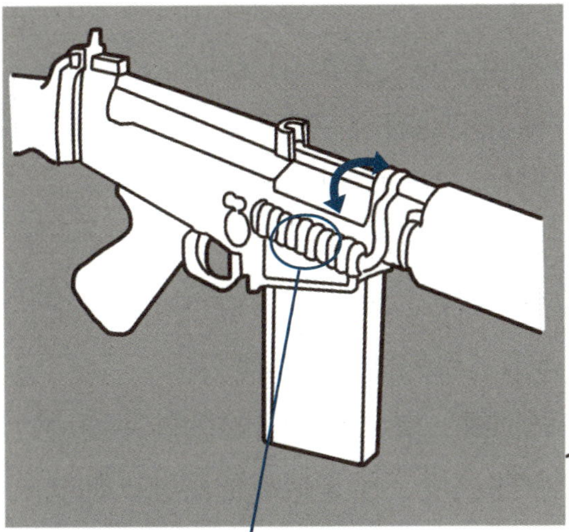

为了不妨碍射击，可以折叠起来

M16 步枪的提把采用了枪机、照门（Rear Sight）一体化设计

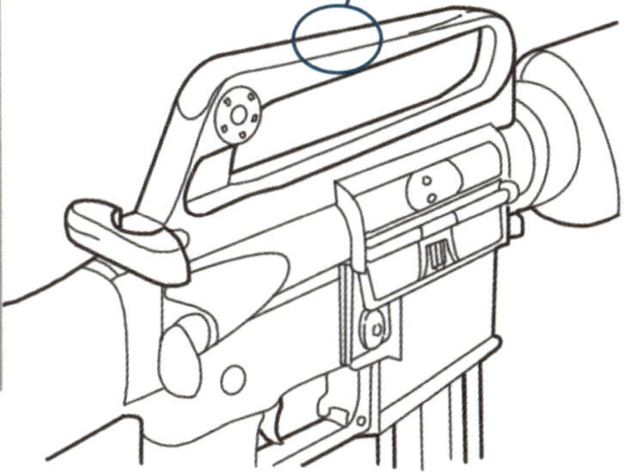

握把位置

垂直式前握把

大多数是可拆卸的

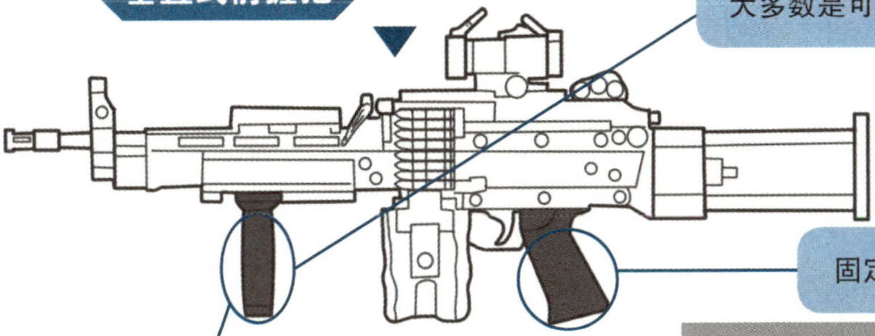

固定式后握把

可以在连射的时候起到稳定的作用

折叠式前握把

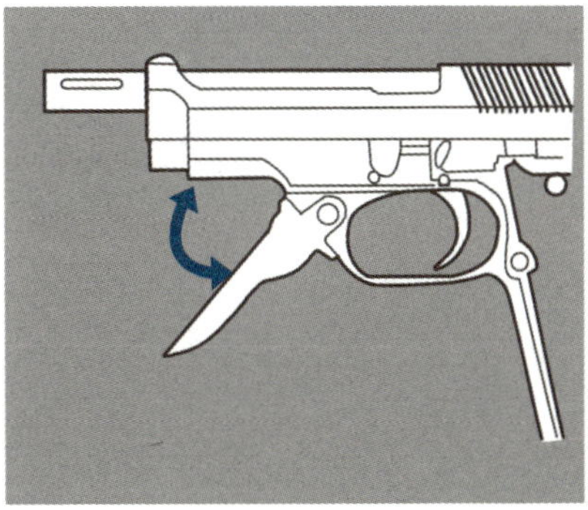

专题：强悍的六管“火神”机炮

二战时，美军战机上标配的都是老式的勃朗宁 M2 重机枪，这种机枪射速比较低，甚至还比不上 19 世纪发明的加特林机枪，为此饱受诟病困扰。战后，美国陆军军品研究与发展服务处（U.S. Army Ordnance Research and Development Service）决定重启对加特林机枪的研究，着手开发一种射速超过 6000 发 / 分的火炮系统。这个计划被命名为“火神计划”（Project Vulcan），这也是“火神炮”称呼的由来。

1956 年，美军正式装备 M61“火神”机炮，它不仅被应用在战机上，越南战争中还常常被安装到坦克或者运兵车上作为进攻武器使用。

由于“火神”机炮采用的是加特林原理，其六根枪管在每转一圈的过程中只需轮流击发一次，无论是枪管产生的温度，还是造成的磨蚀，都能限制在一个比较小的程度内。同时，由于是六管连续射击，射速可以达到 6000 发 / 分，能够在瞬间密集大量的枪弹形成火力网，给予目标重创。

正是由于这种特性，M61 火神式机炮通常主要被应用于美军的空对空、空对地作战中。第一架搭载 M61 系列机炮的飞机是 F-104 “星式”战斗机，之后包括 F-105“雷公”、F-106“三角标枪”的后期型、F-111“土豚”、F-4 Ⅱ“鬼怪”、B-58“盗贼”等多种战斗机与轰炸机全都安装过 M61。目前，正在使用 M61 机炮的机型包括了美国空军的 F-15“鹰”式、F-16“战隼”与、F-22“猛禽”隐身战斗机。在美国海军航空队的应用范围则包括 F-14“熊猫”与 F/A-18“大黄蜂”两种舰载机。

M61 家族在美军中已经服役了近半个世纪，其稳定的性能、强大的火力毋庸置疑。

第二章
压制型武器

No.022 什么是压制型武器

所谓压制型武器，就是指在区域范围内，能够通过全自动射击对目标进行火力压制的武器。

用来限制敌人行动的武器

压制型武器（Area Weapon），从英文来看，是指在区域范围内对目标进行火力压制的武器。这里所说的压制，并不意味着能完全禁止一定区域内的目标活动，更多的是在一定范围内限制目标的活动，避免其确认周围状况、顺利地瞄准射击、正常移动等。

枪械中的压制型武器毫无疑问非机枪莫属。只需要1~2人操作的机枪，就能够将对方十几人甚至上百人封锁在一定的区域中无法正常活动。在两次世界大战中，交战国双方常常会以机枪组尤其是重机枪组为据点，构成密集的火力网，阻止对方前进。不过，当时的机枪也存在着一定的缺陷，威力巨大的重机枪自身过重、移动困难；而能够轻松携带的轻机枪火力又略显不足。

二战结束以后，各国开始研发生产一种介于重机枪与轻机枪之间的通用机枪。通用机枪既要具备重机枪射程远、威力大、连续射击时间长的的优势，又要兼备轻机枪携带方便、使用灵活、可以紧随步兵实施行进间火力支援的优点，将是机枪家族中的后起之秀。

随着步枪的口径从7.62毫米缩小到5.56毫米，通用机枪也发展衍生出现代的小口径班用机枪，目前，它几乎成为各国军队的制式装备。其中，比较具有代表性的，包括美国的M249机枪、苏联的RPK-74机枪（5.45毫米）、德国HK的MG4机枪、中国的95式机枪（5.8毫米）等。随着北约国家在反恐作战中发现小口径班用机枪压制能力的不足，现已逐步开始将通用机枪配发到班级单位，充当班用机枪使用。

另外，能够全自动射击的突击步枪、冲锋枪、自动手枪也具有一定的压制能力，但是，由于枪弹携带量的原因，还不能真正地完成压制目标的任务。

典型的压制型武器

压制型武器是指能够限制特定区域内目标活动的武器

机枪

- **重机枪** → 口径多为 12.7 毫米，威力强大，移动不便
- **轻机枪** → 口径多为 7.62 毫米，连续射击能力较差
- **通用机枪** → 口径多为 7.62 毫米，介于轻、重机枪之间
- **班用机枪** → 口径多为 5.56 毫米，通用机枪的缩小版

其他的自动武器

- **突击步枪** → 口径多为 7.62 毫米或 5.56 毫米，可以全自动、半自动射击的自动步枪
- **冲锋枪** → 发射手枪枪弹的轻型全自动枪械，射程和威力都比较有限
- **自动手枪** → 能够进行全自动射击的手枪，备弹量少，压制效果比较差

No.023 机枪与机炮的区别

机枪和机炮发射原理相同，区别就在于所使用枪弹的口径不同。

通常以 20 毫米口径为划分界限

机枪（Machine gun）是大威力枪械中的重要组成部分，也是火力最强大的。通常，枪管的内径在 20 毫米以下、可快速、连续地发射枪弹的中、重型自动枪械就称为“机枪”，按照用途及枪身重量的不同可分为轻机枪、通用机枪、班用机枪、重机枪等。

机炮（Autocannon）指的是口径大于 20 毫米、采用连续击发机制的重型自动武器。从定义上来说，并没有为机炮设置相应的口径上限，但是连续发射的特征就决定了此类型火炮的口径都比较小（相对于大型火炮而言），由于高速射击时必须考虑炮管冷却问题，因此，机炮口径通常都小于 30 毫米。作为轻型火炮，陆军主要将其用作步兵战车上的自卫武器。

机炮与机枪在结构上并没有多大区别，只是在枪管、枪弹口径尺寸上的存在着差异。机炮的口径更大、弹头更重、装填了更多的发射火药，因此，机炮在射程及威力上自然要比机枪更大。同时，为了承受发射的大口径枪弹带来的不良影响，机炮在枪管、枪机等金属构件的强度上也会比机枪的要求更高。

为了充分发挥机炮射程远、火力密集的优势，机炮通常被当作航空机炮和防空机炮使用。航空机炮安装在直升机、战斗机等空中武器上，可以进行空中格斗或者对于空对地攻击，属于进攻型武器；而防空机炮则作为防御型武器，主要是为了从地面拦截空中来袭的飞机、直升机等飞行目标。

像美国著名的 M61 火神式六管连发机炮，通常被安装在美军的战斗机、攻击机、直升机上，它的口径为 20 毫米，是一种性能优秀的高射速、近距离火炮系统。

机枪与机炮

机枪

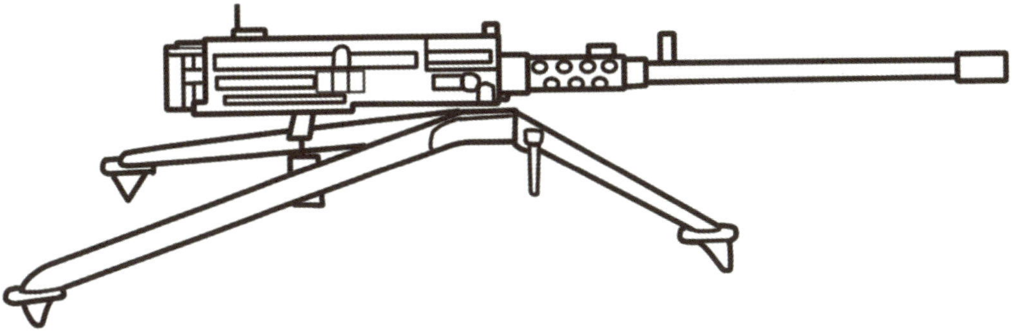

- 口径小于 20 毫米，能够进行快速连射的自动武器
- 分类属于枪械，数量单位为“挺”

机炮

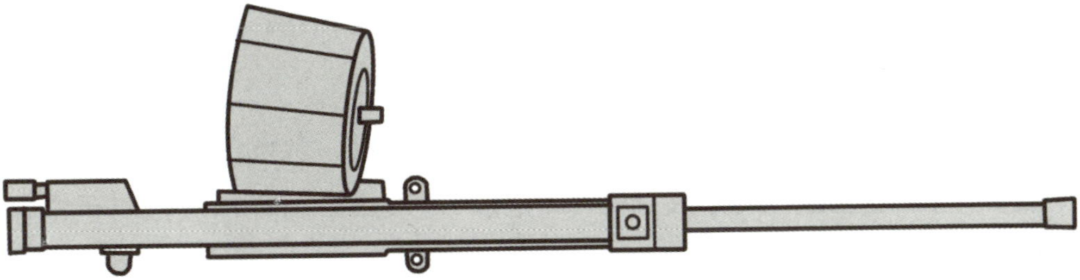

- 口径大于 20 毫米，采用连发机制的自动武器
- 分类属于火炮，数量单位为“门”

机炮的口径划分，不但在不同时期、不同国家地区会有一定的差异，而且不同军种之间也存在着差异，例如，陆、空军通常将口径为 20~30 毫米之间的划分为机炮，海军则将口径超过 40 毫米的称之为机炮

No.024 加特林机枪到底属于机枪还是机炮

加特林机枪是美国南北战争时期由加特林医生发明的一种手动型多管旋转机枪。

改变了战争形式的加特林机枪

1861 年美国南北战争爆发，加特林医生在医院看到战争中官兵伤亡的数量太多，于是希望能拥有火力凶猛的新型枪械，使用一支枪械拥有的火力足以与对敌方的多支步枪构成威胁。他还认为，如果一个士兵拥有多名士兵的战斗力，就可有效地减少战场上己方士兵的人数，以达到降低战争伤害的目的。后来，加特林所发明的枪械就是具备以上特征的“加特林机枪”（Gatling Gun）。

加特林机枪是世界上第一挺实用化的机枪，属于手动型多管旋转机枪。由于它的威力巨大，当时也曾被称作“加特林机炮”。加特林机枪在发明之初就拥有 600 发 / 分的致命射速，改良以后的射速更能达到 3000 发 / 分。加特林机枪首次出现在美国南北战争中，之后在 19 世纪末镇压印地安人的美西战争中被大量使用。1874 年，加特林机枪曾被传入到中国，当时其被称为“格林炮”或“格林快炮”。

至于究竟要将加特林机枪划归为枪械还是火炮，众说纷纭。从现有的资料中看，不同时期的归类方式都不尽相同。有人认为加特林机枪属于枪械，有人认为它属于火炮。

按照我们前文中提到的机枪与机炮的分类界限也不容易区分它。因为加特林机枪存在着多种口径，其中也不乏 20 毫米以上的大口径。如今，“加特林机枪”这个名词指的是所有采用加特林原理(转轮枪式转膛发射原理，即利用一套传动机构使数支枪管绕一个公共轴转动，从而完成连续射击)运作的多管机枪及机炮的总称。如美国的 M61“火神”机炮、中国的 CS/LM12 型机炮等都是依据加特林原理制造的。

加特林医生发明的新式武器

加特林机枪是世界上第一挺实用化的机枪，从开始设想到制成并获得专利，仅仅只用了一年多的时间

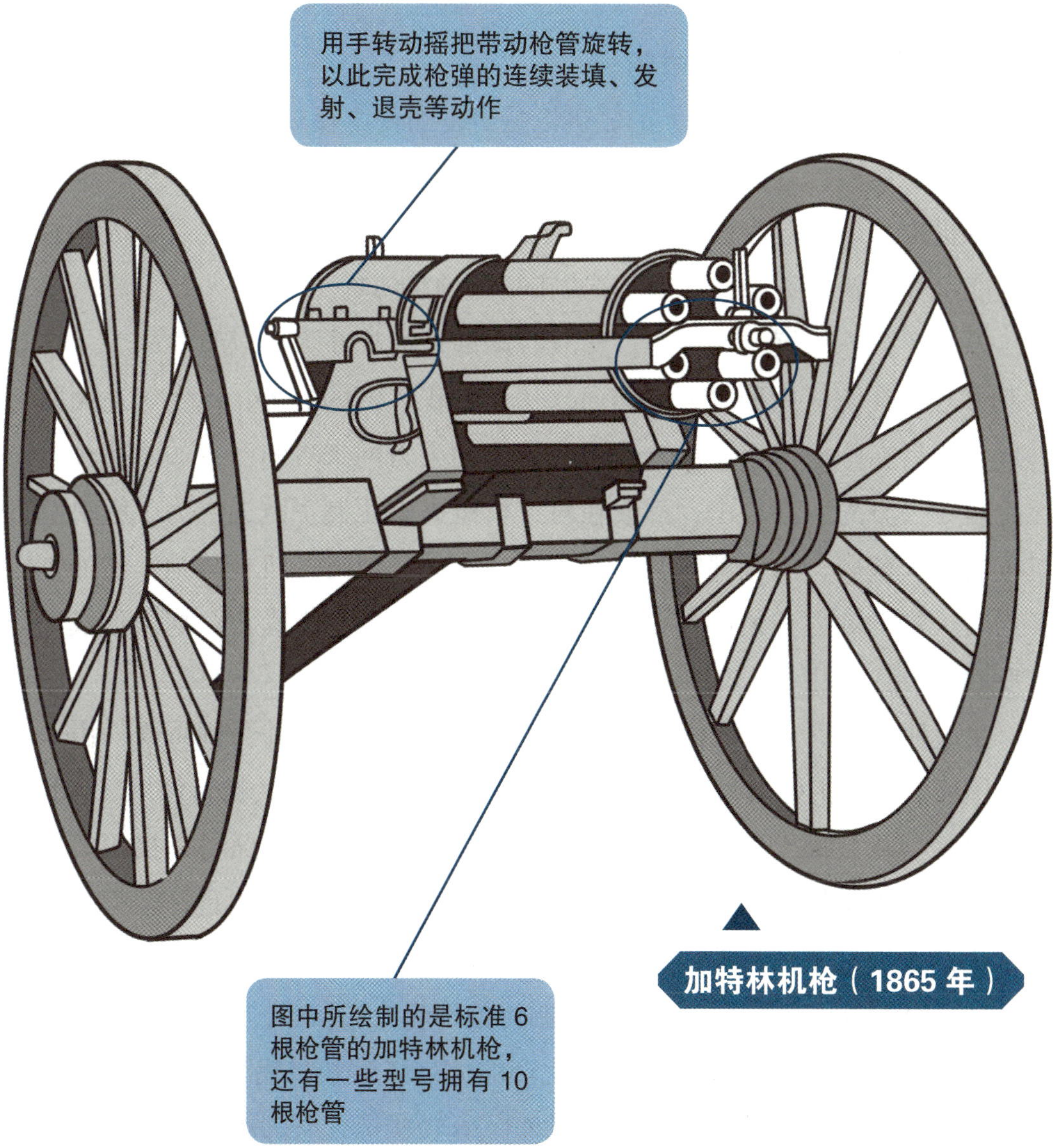

加特林机枪（1865 年）

虽然关于加特林机枪属于机枪还是机炮的讨论一直争执不下，但是随着自动武器的发展，加特林机枪的原理仍被广泛采用

No.025 轻机枪是怎样诞生的

轻机枪是机枪中非常重要的一个类型，它是指可以由一个人操作使用的机枪。

为了增强步兵火力而研发的

世界上第一挺真正意义上的轻机枪是丹麦的麦德森机枪。18 世纪 90 年代，丹麦炮兵上尉麦德森设计制造了一挺可以使用普通步枪枪弹的机枪，命名为麦德森机枪。该机枪装有两脚架，可抵肩射击，全重不到 10 公斤。麦德森机枪性能十分可靠，使之成为当时军火市场上的热门货。

1914 年，一战爆发。当时，交战各国的地面战斗大多以堑壕战为主，首先双方各自在防区挖掘出大量四通八达、面积广阔的战壕、地堡等地面防御阵地，然后在阵地前架设机枪，组成密集的火力网来巩固己方的防御体系。无论是哪一方先发起攻击，都会在对方机枪火力压制下败退。为了解决对方机枪的重大威胁，双方都曾尝试利用炮击来破坏对方的机枪阵地。然而，由于当时火炮的威力和精度都比较有限，战果并不能令人满意，炮击形成的弹坑反而成为己方发动进攻冲锋时的障碍。

在这种情况下，以机枪对付机枪的战术设想被提出并受到重视。由于当时各国所装备的机枪多为马克沁重机枪，根本不可能供单兵携行使用。因此，将机枪轻型化被提上了日程。首先被当做轻机枪使用的是路易斯机枪等原本被设计成中型机枪的机枪，实战证明，它便于步兵携带。于是，轻型化专用机枪逐渐发展起来。虽然这类机枪在重机枪面前显得威力不足，但是已经逐渐改变了以往进攻方被防守方火力压制得抬不起头的形势。

20 世纪 20 年代，布拉格军械厂生产的 ZB-26 轻机枪堪称轻机枪史上的里程碑。二战时中国曾大量进口并仿制 ZB-26 轻机枪，它为中国抗日战争的胜利做出了的贡献。另外，英国以此为基础制造的布伦轻机枪是二战中英联邦各国军队的主力武器之一。

便于单兵携带，提供火力压制

所谓轻机枪，就是指可以单兵携带、单兵操作的轻型化机枪

路易斯机枪

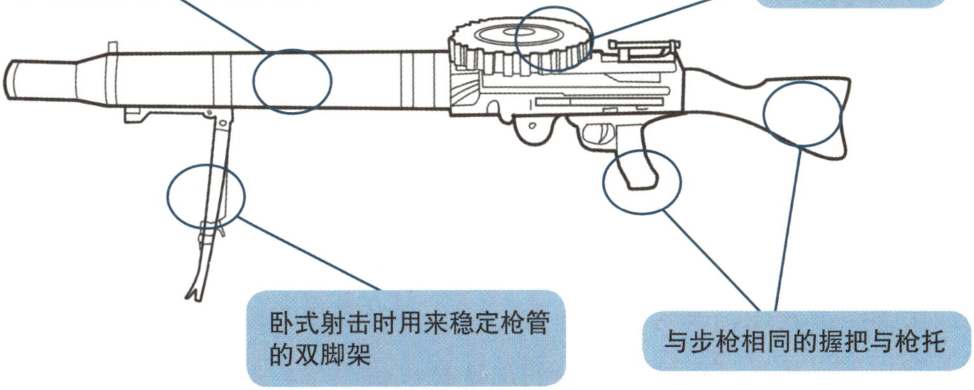

ZB-26 轻机枪

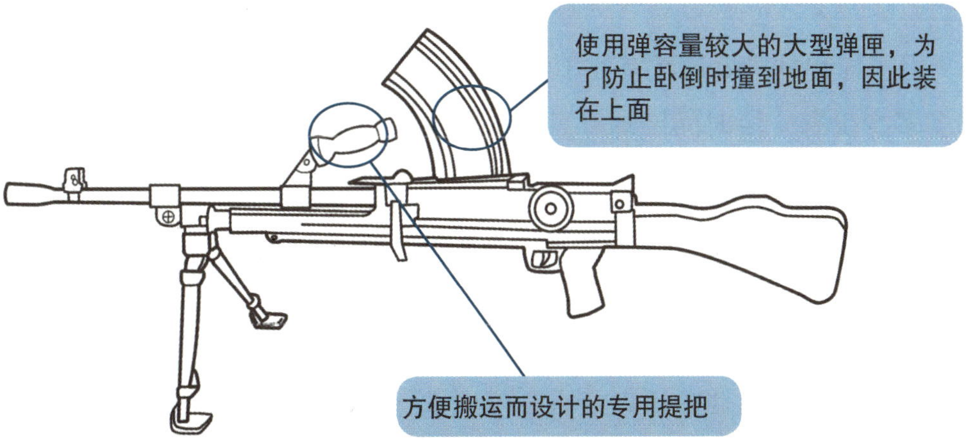

轻机枪的特点

- 采用风冷式枪机设计
- 装有稳定枪身的双脚架
- 利用弹匣供弹

No.026 早期机枪的水箱有什么用

19世纪末20世纪初，机枪成为步兵最为重要的武器之一，当时的机枪多为水冷式。

利用水传导热量的原理来帮助机枪降温

从火绳枪开始，军用枪械先后经历了前膛燧发枪、转轮手枪、手动步枪等发展历程，最终出现了加特林机枪这种以外力驱动的自动武器和马克沁重机枪这样真正意义上的全自动武器。加特林机枪在纵横战场数十年后最终还是被马克沁重机枪所取代。

马克沁重机枪利用发射枪弹产生的发射气体膨胀的力量来完成开锁、退壳、送弹、重新闭锁等一系列动作，整个发射过程不需要依靠外力，其结构要比利用人力旋转枪管进行连发的加特林机枪简单，然而，由于连续射击后枪管的发热情况十分严重，若不及时降温的话很容易因为高温而造成机械故障。

由于加特林机枪通常有6~10根枪管，在射击了一发枪弹以后，每根枪管都多多少少有一段时间冷却。只有1根枪管的马克沁重机枪则需要通过其他辅助措施来帮助枪管散热。

于是，有人想到了往马克沁重机枪的套筒中加水，通过一根软管将套筒与水箱连接，类似于汽车发动机中的水冷系统。射击时由于枪管发热而蒸发的水蒸气会先通过软管进入水箱中储存，冷却以后再灌回套筒用于散热。当然这样也并不意味着就可以一直不停地进行射击，只是能够保证枪弹打光以前枪管不会因为过热而受损。

一战中，马克沁重机枪出尽了风头，当时德军装备的MG08马克沁重机枪，在索姆河战役中，仅一天时间就造成近 60000余名英军士兵的死伤，创造了一战中单日伤亡人数的最高记录，马克沁重机枪由此成为世界闻名的杀人利器之一。

冷却枪管的装置

- 前膛燧发火枪 → 火绳枪等
- ↓
- 手动式连发枪 → 转轮手枪、手动步枪等
- ↓
- 人力驱动式自动武器 → 加特林机枪等
- ↓
- 全自动武器 → 马克沁重机枪等

维克斯 Mk.I 重机枪

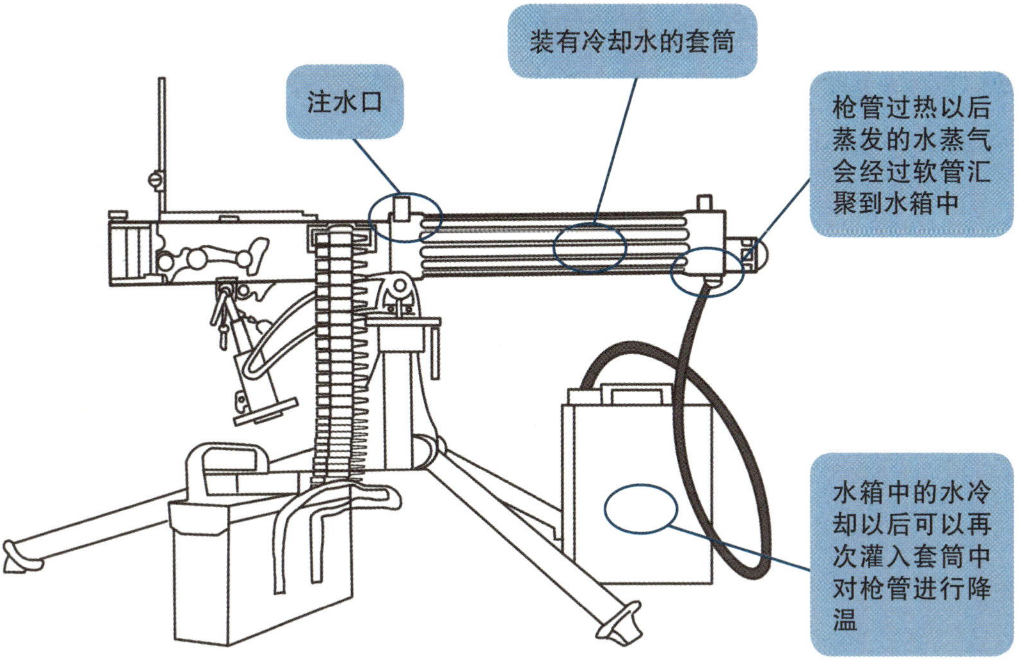

No.027 重机枪的搬运和携带很麻烦吗

重机枪在两次世界大战中都发挥了非常重要的作用，主要用在阵地防御及轻型装甲车辆的攻击上，它的口径多为 12.7 毫米。

单兵携行十分困难

在现代步兵武器中，重机枪可以算是使用范围很广的大威力压制型武器，先后在两次世界大战中大显身手，在战场上做出了不可磨灭的贡献。然而，由于重机枪本身外形庞大，加上三脚架等其他配件，整枪十分沉重，根本不适合单兵携带使用。

重机枪采用如此笨重的设计是有原因的，由于要长时间发射大量大口径、大威力的枪弹，枪身需要制作得十分坚固才行。另外，由于机枪的后坐力很强，需要使用三脚架将它固定在地面上或者使用支架将它安装在车辆上。

重机枪在设计研发时就没有考虑过供单兵携行的问题，因此也就没有安装提把或者手持的握把。归根结底，重机枪虽然属于枪械，但是在实际应用中无论是在使用或携带方面都与火炮更接近。

操作重机枪，通常需要 2~4 人的小团队才行。如何使用人力搬运的话，会将其分解为枪管、枪机、三脚架等部件分别搬运。当然，如果嫌分解过于麻烦的话，也可以由几个人合作抬着将重机枪转移阵地。

正是因为重机枪存在着搬运不便的缺点，轻机枪这类适合于单兵携带的机枪才会被研制出来。由于轻机枪在威力方面远不如重机枪，因此重机枪仍然被广泛使用。直到介于重机枪与轻机枪之间的通用机枪的出现，重机枪才开始逐渐被通用机枪所替代。现在，仍有像勃朗宁 M2 这样的重机枪被应用到军用运输车辆上，充当自卫武器使用。

需要多人合作才能搬运重机枪

所谓重机枪

- 安置在阵地上，用来进行防御的大口径机枪
- 又大又重，在搬运和操作时需要多人合作才行

马克沁重机枪（1910年）

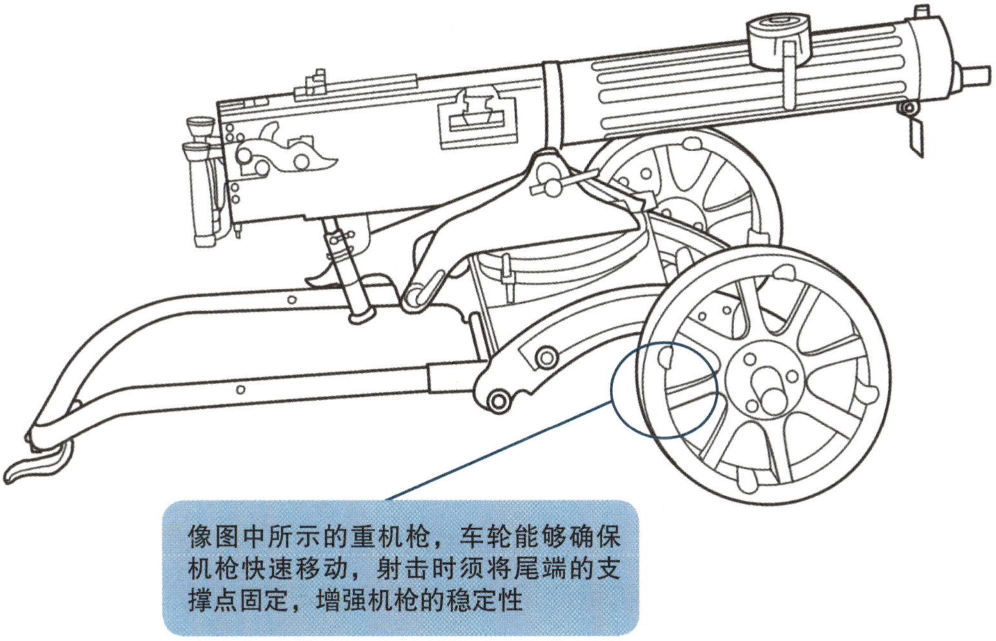

像图中所示的重机枪，车轮能够确保机枪快速移动，射击时须将尾端的支撑点固定，增强机枪的稳定性

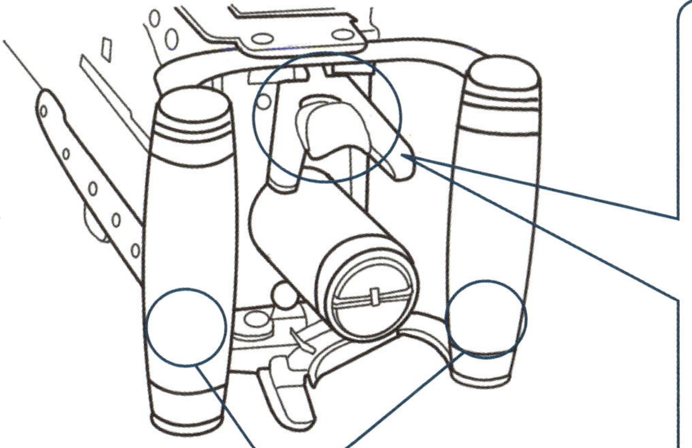

两手握住握柄

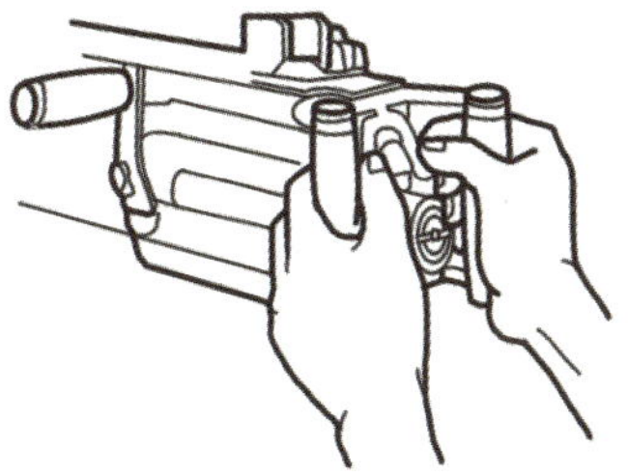

勃朗宁机枪的扳机，只要按下这个部位即可进行射击

No.028 通用机枪有什么特点

通用机枪的重量介于重机枪与轻机枪之间，并同时将这两种机枪的优势合二为一。

集轻、重机枪的优点为一体

通用机枪（General Purpose Machine Gun，英文缩写为 GPMG）又称“轻重两用机枪”，是一种是可由单人携带，有风冷设计，采用弹链供弹，可快速更换枪管，附有两脚架亦可装在三脚架上或车辆上的中型机枪。

通用机枪不仅具有重机枪射程远、威力大、连续射击时间长的优点，又兼具轻机枪携带方便、使用灵活、具备行进中火力支援的能力。

MG34 机枪是世界上第一款真正定义上的通用机枪。由于 MG34 机枪和 MG42 机枪在二战中的优异表现，从 20 世纪 50 年代起，各国普遍用通用机枪取代了轻机枪与重机枪。如今，这种轻、重两用机枪已经基本取代了重机枪的地位。

通用机枪口径普遍为 7.62 毫米，采用弹链供弹，枪身重量 7~15 千克，与重机枪相比，全枪重量减轻一半左右。通用机枪平时主要被当作重机枪使用，在必要的时候才会被当作重机枪使用。在轻机枪模式使用时，能够有效为己方士兵提供火力支援，可以对 800 米射程内的目标进行压制；以重机枪模式使用时，可以杀伤、压制 1 000 米射程内的目标。

20 世纪 60 年代，掀起了一股研发通用机枪的高潮，国际上先后出现了 FN MAG（MAG-58）、MG3、PK / PKM 以及 M60 / M240 等世界著名的通用机枪。尤其是 M60 通用机枪，由于火力持久，颇受美军士兵喜爱。同时，它曾在北约国家中被广泛采用。至今，仍有一些 M60 机枪的衍生型号在继续服役。

多用途是其最大特点

GPMG=General Purpose Machine Gun

意指："多种用途的机枪"

当作重机枪

装在三脚架上进行阵地防御

当作车载机枪

装在坦克、装甲车或者直升机上

M60 通用机枪

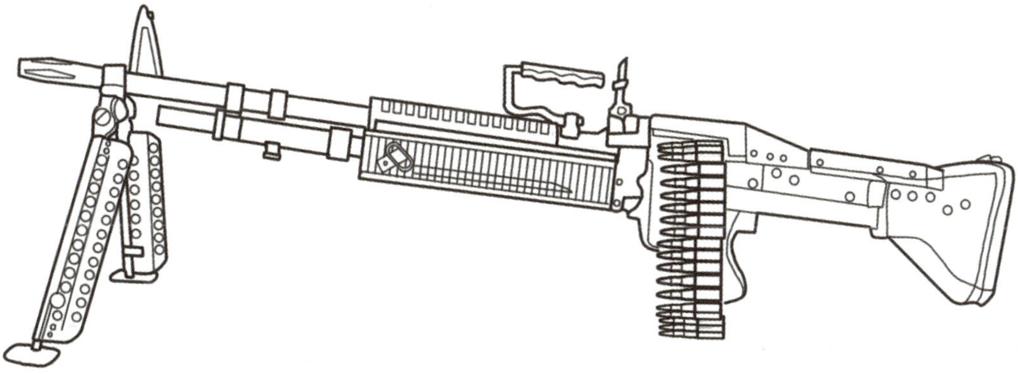

展开双脚架当作轻机枪使用

装在对空枪架上射击

当作防空机枪使用

仅凭一种枪就要应对所有情况，同时还要兼顾到枪械的性能，这是很难做到的，就算是 M60 也先后进行了多次改良与变型

No.029 班用机枪的用途

班用机枪是为了给小规模部队提供足够的火力而研发的轻型机枪，通常用于掩护射击。

小规模部队所使用的火力压制武器

班用机枪也叫"班用自动武器”（Squad Automatic Weapon）。美国陆军在军事行动中通常会以一个步兵班作为最基本的火力支援单位，每个步兵班配发1~2挺班用机枪。班用机枪的主要作用是当以班为单位的小规模部队进行攻击或者防御时，用来对敌方部队进行火力压制，为己方提供掩护。

虽然，重机枪也可以进行掩护射击，但是由于搬运、操作重机枪需要的人手太多，并不适合原本人员就已经很少的班一级火力支援单位。此外，在班一级单位配备机枪，还能够提高整个班组的火力水平。

班用机枪不但要保证随时跟随班组一起行动，必要时还要配合连队的突袭作战。因此，轻量化是班用机枪在设计时优先考虑的性能之一。由于班用机枪主要用于阵地攻防战，通常一般只配备双脚架。另外，从重量上看，班用机枪要比通用机枪略轻，与普通的轻机枪重量比较接近。

在越南战争中，美军曾经将M60通用机枪作为班用机枪使用，由于M60机枪枪身偏重，不便于携带，再加上其所使用的枪弹与当时美军装备的M16突击步枪不能通用，在实战中非常不方便。最终，美军还是选择了比利时FN公司生产的“米尼米”（Minimi）机枪作为班用机枪使用，也就是后来美军的M249制式班用机枪。

M249班用机枪成为美军三军制式武器以后，一直是步兵班中最具持久连射能力的火力压制型武器。自1991年海湾战争爆发以来，美军每次发动并参与的战争、军事行动中皆可见到M249班用机枪的踪影。虽然有不少报告指出，M249班用机枪曾被沙或泥阻塞而影响到军队的实战射击，但是大部份的美军士兵仍然对其作战表现表示满意。

班用自动武器

SAW=Squad Automatic Weapon

意为：“班用支援型自动武器”

M249 班用机枪

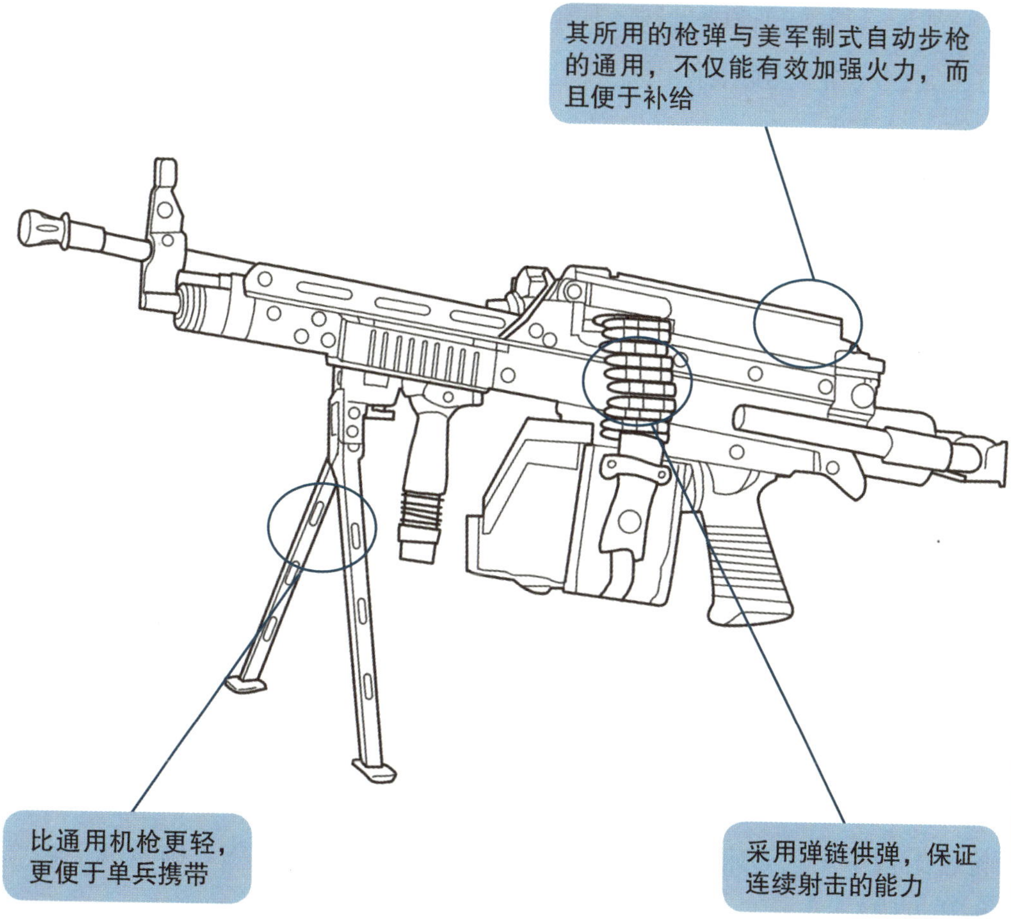

美国“勃朗宁”（BAR1918A2）轻机枪

苏联“捷格佳廖夫（RPD）轻机枪

这些旧式自动枪械的枪弹口径均为 7.62 毫米，与当时步兵使用的步枪枪弹可以通用，因此，可以将它们视作班用机枪的先驱

No.030 “锯子”是指哪款机枪

二战时，德国除率先使用突击步枪及 9 毫米自动手枪以外，还开创了通用机枪的先河。

曾经的“希特勒的电锯”

一战后，战败的德国受到《凡尔赛条约》限制，不能研制生产重型的自动火力压制型武器。为此，德国在瑞士设立了挂牌公司，以此逃避《凡尔赛条约》的束缚，继续进行新式武器的研发，MG34 机枪就是这一时期被研发出来的轻重两用机枪。MG34 机枪当做轻机枪使用时，枪身的双脚架会展开，采用弹容量 50 发的弹鼓供弹；而它在重机枪模式使用时则改用大型三脚架并且直接采用弹链供弹。

MG34 机枪的弹鼓与当时以弹匣供弹为主流的轻机枪不同，它的弹鼓中设有弹链，这样，不仅解决了弹链搬运不便的问题，还能使机枪持续射击的时间更长。此外，MG34 机枪还率先采用了可更换式枪管设计，不仅解决了机枪的搬运问题，令人头疼的枪管发热问题也可以通过更换枪管来解决。因此，MG34 机枪可以算是一种跨时代的产物。

MG42 机枪是德国于 1942 年研发的用来取代 MG34 机枪的新型通用机枪。MG42 机枪拥有高达 1500 发 / 分的射速，具有可靠、耐用、操作简易以及成本低廉等特点。另外，由于 MG42 机枪装有枪口增压器，它射击时的声音也与其他机枪不同，它发出的是一种类似“撕裂布匹”的枪声。德军使用的 MG42 机枪曾给盟军士兵带来极大的心理压力，盟军当时将其称为“撕布机”或“希特勒的电锯”。

由于 MG42 机枪设计精良，其后的各款衍生型并未因德国战败而消亡。如从 MG42/59 机枪衍生出的 MG1、MG2 以及 MG3 等通用机枪。包括美国著名的 M60 通用机枪，也摆脱不了 MG42 机枪的身影。

影响深远的 MG 机枪

MG34 机枪

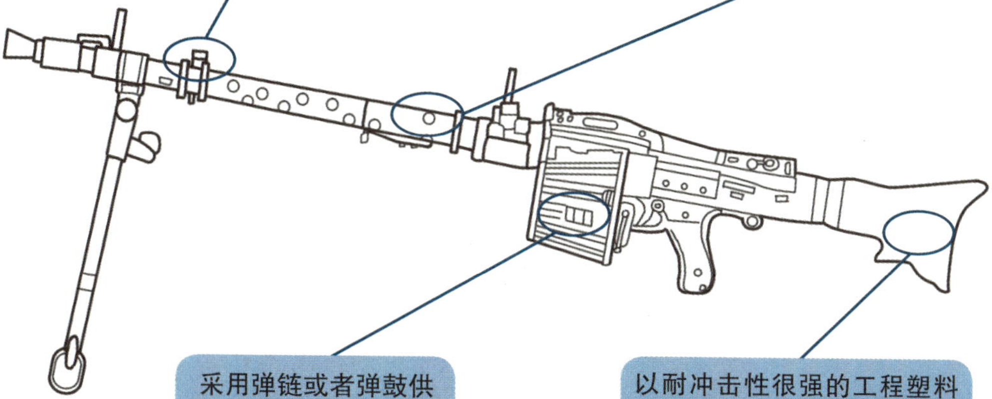

MG42 机枪

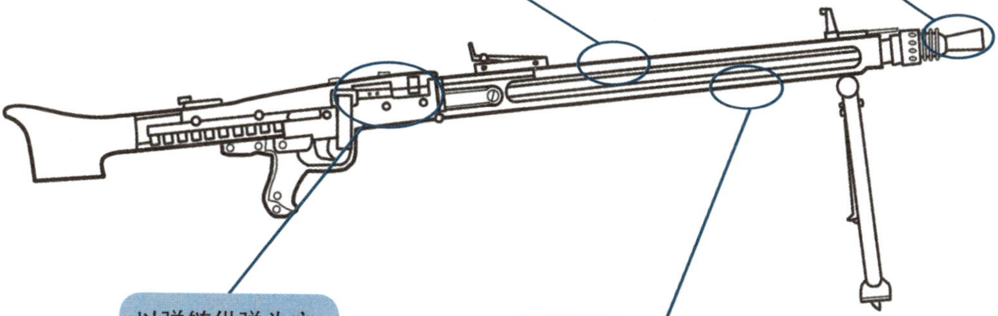

对于能够由单兵携带的机枪而言，当时其他国家并还没有采用弹链供弹，因此，可以携带 50~250 发以上枪弹的 MG 系列与弹容量只有 30 发左右的弹匣式轻机枪相比，具备压倒性的优势

No.031 机枪需要瞄准吗

机枪是用来进行扫射的大威力自动枪械，对射击精度的要求并不高，那是不是使用机枪时就不用瞄准了呢？

机枪的瞄准具

枪械上安装的瞄准具分为机械瞄准具、光学瞄准具、激光瞄准具等，其中，所有的枪械上几乎都安装了机械瞄准具，机械瞄准具包括准星、照门、表尺等部分。使用机械瞄准具瞄准目标时，最简单的方法就是保持三点一线，即保证目标、眼睛和表尺在同一条直线上。

由于瞄准的目的就是为了保证射击的精度，因此有人认为像机枪这种以扫射的方式在大范围内进行火力压制的枪械根本没必要安装瞄准具。然而，事实上并非如此，现在许多机枪上不仅安装有瞄准具，而且对瞄准具的精细要求还很高。

使用机枪射击的时候，需要充分利用表尺。表尺的主要作用是设定不同的瞄准距离，通过表尺可以调节照门的高度，因为弹头的弹道近似于抛物线，而准星和照门的瞄准线是直线，所以为了使瞄准基线在一定距离上与弹道曲线相重叠，它是略带倾斜角度的。

以前的手动步枪为了保证每发枪弹的命中率，也曾安装过这种可调节的瞄准装置。但是，随着步枪枪弹的小型化，瞄准具也逐渐采用了最简单的“照门＋准星”的方式。

由于机枪需要在远距离对目标进行射击，它的瞄准具要比突击步枪更为精细。通常需要先通过表尺确定目标的大概距离并进行瞄准，然后扣动扳机发射大量枪弹。在持续不断地连续射击下，由于受到机枪枪身的震动、后坐力等造成的影响，瞄准点会逐渐偏移。因此，在弹链中常常会添加曳光弹用于对弹头的飞行弹道进行及时修正。总之，机枪的表尺并非是为了进行精确射击而安装的，测定目标距离才是其真正的用途。

根据距离调整瞄准具

机枪的瞄准具主要是用于测定射击目标的距离

- 进行近距离射击时将表尺放倒瞄准
- 进行远距离射击时将表尺立起瞄准

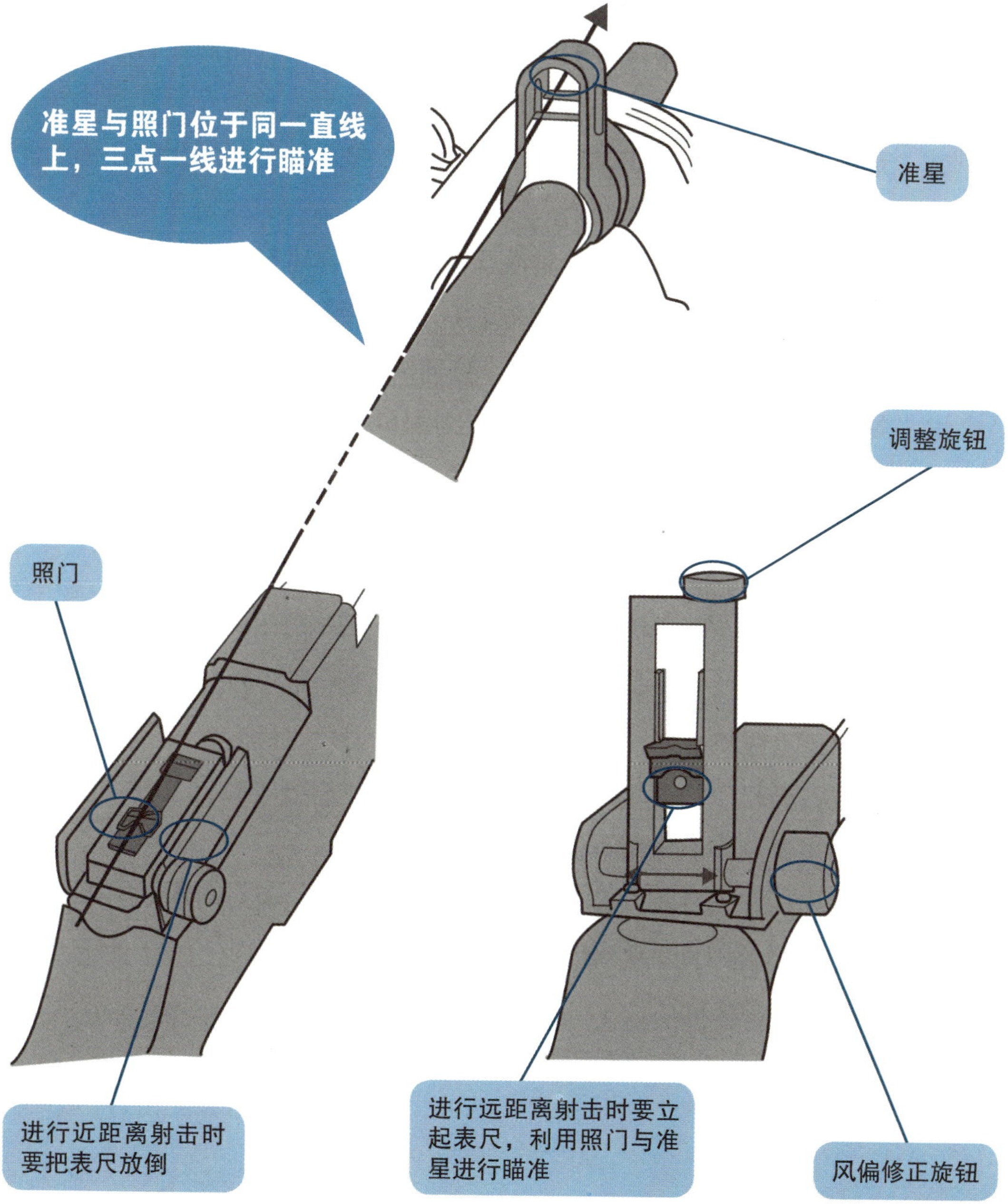

No.032 机枪发射的曳光弹有什么作用

在各种枪弹中，有一种叫做“曳光弹”（Tracer）的专用枪弹，曳光弹与其他枪弹不同，它在发射时会产生白烟与亮光，帮助机枪修正弹道。

1
2
3
4

根据曳光弹的飞行轨迹来修正弹道

古代在使用投石器或者弓箭的时候，人们可以通过目测观察石子或者箭矢的飞行路线来确定实际偏离目标的程度。但是由于枪弹的飞行速度太快，在现代，这种方法并不可行，因此就出现了曳光弹这种专门用于修正飞行弹道的枪弹。

曳光弹较其他枪弹弹头不同之处在于这种弹头在飞行中会发亮，可以在光源不足或黑暗中显示出弹头的飞行轨迹，从而协助射手及时进行弹道修正，必要时还可充当联络友军位置和指引攻击方向的工具。

曳光弹最早出现在一战中，由于机枪刚刚得到普及，加上机枪的射击方式与手枪、步枪都不同，它是通过连续发射大量枪弹来对目标进行攻击的，如果只是凭着肉眼目测观察弹着点的话，可能会浪费许多的枪弹。通过观察曳光弹的飞行弹道，就能及时、迅速地对弹道做出修正。

另一方面，使用曳光弹射击移动目标也很有效。当使用步枪射击时，首先要考虑目标的距离和移动速度，然后瞄准目标稍前方才行。若是使用机枪的话，就可以看到弹道呈线状排列，只要将这条线摆动到目标处即可。

在坦克或直升机上安装的重机枪，射击时一般会处于移动状态，如果没有曳光弹来矫正弹道，枪弹就会很难命中目标。

曳光弹发射后，弹头在飞出 100~900 米的距离才会开始燃烧，一般能够持续 2 秒左右的燃烧时间，否则，还没等射击手调整好弹道位置，就已经引来目标对自己的火力压制了。

曳光弹的构造

以曳光弹的飞行轨迹帮助射手确认弹道，起到类似于瞄准的作用

7.62 毫米曳光弹

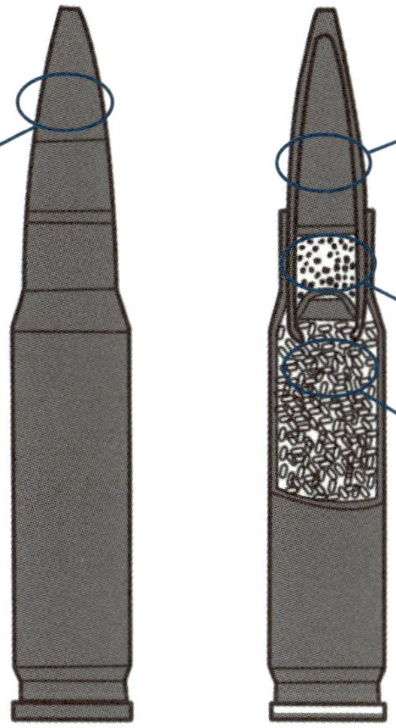

供霰弹枪或者手枪使用的专用曳光弹

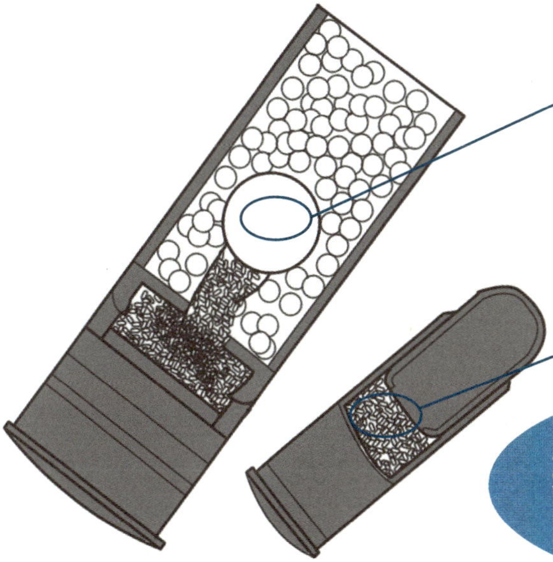

No.033 机枪如何瞄准空中目标

当飞机被广泛用于对地攻击以后，面对来自空中的威胁，地面部队总是处于相对劣势的环境。那么，地面部队该如何还击呢？

能打几发枪弹就打几发

使用枪械瞄准射击的时候，总是会有一些目标是很难捕捉的，尤其是像飞机这种高速运动的目标，飞行速度不仅很快，而且还处于空中位置，因此，要准确命中它难度更大。本身射击手在瞄准这种目标时就非常困难，对其进行精确射击的难度可想而知。因此，只能采取发射大量枪弹的方式，寄希望于其中某些弹头可能会命中目标。那么，最适合进行对空反击的大型自动枪械无疑就是大威力机枪了，它不仅射速高，射程也比手枪、步枪要远，最关键的是，它发射出的大量密集弹头可以有效地组成火力网，对空中目标形成一定的威胁。

专门用来射击飞机、直升机等飞行目标的机枪称为“防空机枪”或“高射机枪”。这种机枪的射速更快，射程更远，能够有效地对付在一定高度、特定区域飞行的空中目标。防空机枪与其他普通机枪最明显的区别是它的专用瞄准具，它加装了大型的准星座，形似蜘蛛网的准星座跟踪观察目标的覆盖范围更广，能够帮助射击手正确地把握射击的最佳时机。

通常，战争中掌握了制空权的一方对这类枪械的发展并不重视，也就是说，促进防空机枪这类枪械得到发展的，一般都是战败的一方。二战后期的德国就曾扮演过这样的角色。MG34 机枪和 MG42 机枪都曾被改装后安装在防空辅助三脚架上，充当重点地面防御区域的防空机枪使用。由于它的枪弹口径为 7.92 毫米，自然有人会怀疑它的杀伤力不足以对飞机造成致命伤害。事实上，当时防空机枪的主要作战用途并不是要将敌机直接击落，而是要威胁到低空飞行的对方飞行员，迫使其拉升飞行高度，降低其对地攻击时的精准度。

防空机枪如何瞄准飞机

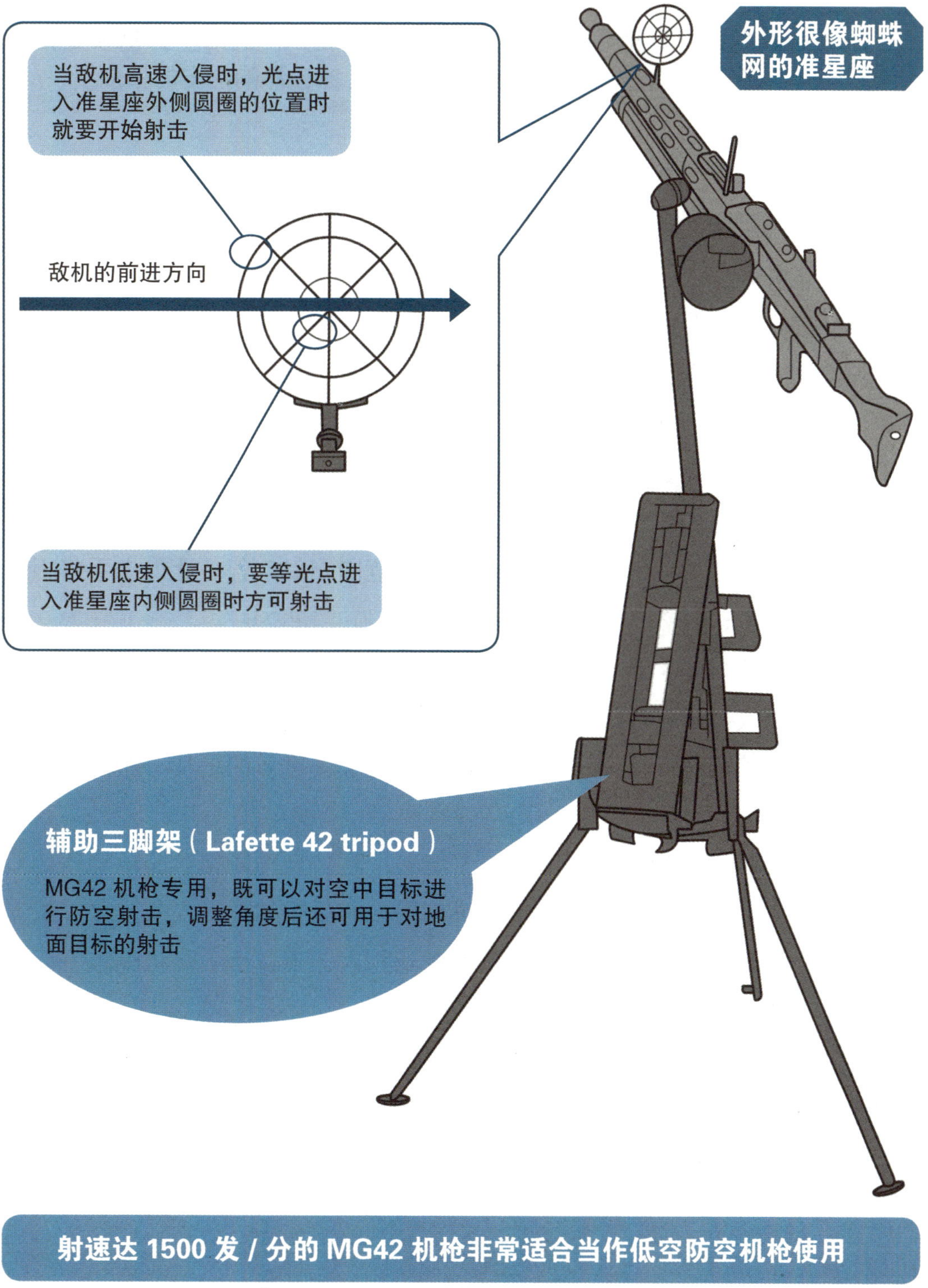

射速达 1500 发 / 分的 MG42 机枪非常适合当作低空防空机枪使用

No.034 为什么机枪要使用支架

机枪的射速高、射程远、威力大，自然射击产生的后坐力也很大，如果没有双脚架或者三脚架帮助固定的话，必然会影响射击的精度。

为了固定枪身，保证射击精度

机枪使用双脚架或三脚架与相机使用三脚架的原理一样，都是为了起到支撑固定的作用。不同的是，用于摄影的相机的三脚架更高，而机枪为了便于射击，三脚架不会太高。

机枪，尤其是重机枪，必须要装在三脚架上才能使用，一方面是因为重机枪本身的重量就不轻，不可能直接扛着在行进中进行射击；另一方面是通过支架能够迅速瞄准更大范围内的目标。

装在三脚架上的机枪能够轻松地进行上下左右移动，射击手只需要用很小的力气就可以随时调整射击方向，进行大范围扫射。若是让射击手将很重的机枪端在手上，必然不可能如此灵活地进行瞄准和射击。

另外，由于三脚架本身也具有相当的重量，而且在使用时会被固定在地面上，能够吸收一部分射击时产生的后坐力，可以有效地提高命中率。当然，使用三脚架也存在着一些缺点，如会造成机枪整体重量的增加，搬运时更加不便。

轻机枪一般不会使用比较沉重的三脚架，而是会选择相对简单轻便的双脚架，使用双脚架能够保证射击手在卧倒射击时枪管与地面保持水平，提高射击精度。双脚架虽然不能保证机枪的摆动扫射，不过由于轻机枪本身就不太重，使用人力摆动也不太费力。

反器材狙击步枪之类的大型枪械也会装有双脚架，不过其功能只是为了帮助射击手支撑住枪身。设计这类高精度枪械用双脚架时，它的长度、角度等都要经过精密地计算，否则会影响到射击时的精度。

可以用来提高射击的精准度

使用三脚架的作用

- 可以让枪身轻松地上下、左右摆动，射击范围更广
- 可以吸收部分射击产生的后坐力，提高命中率

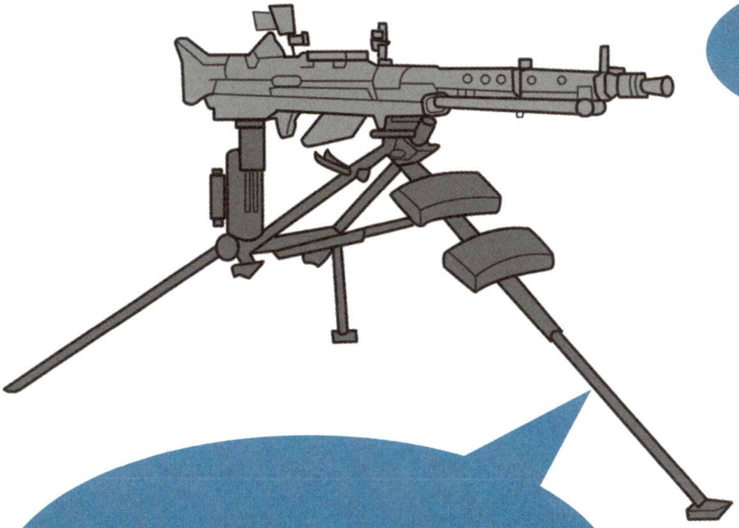

搬运时可以折叠起来，背负在背上

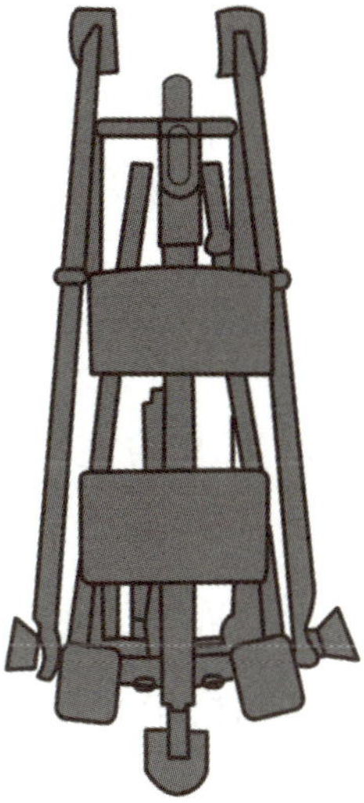

MG34 机枪的三脚架（Lafette 34）

具有伸缩的功能，可以根据战壕的深度及沙袋的高度自由调整机枪的高度

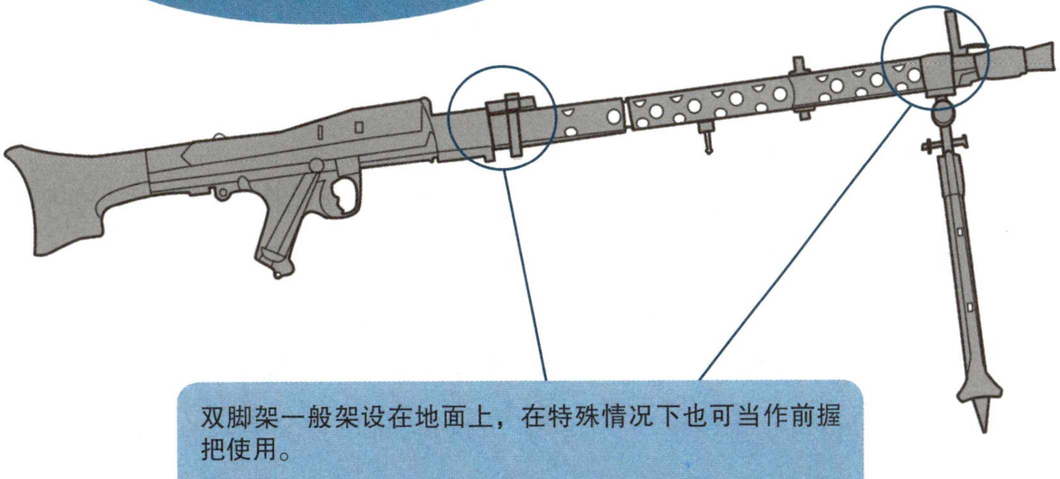

双脚架一般架设在地面上，在特殊情况下也可当作前握把使用。

No.035 为什么机枪要采用弹链供弹

由于机枪的射速高，枪弹的消耗自然也就很快，采用弹匣供弹的方式会跟不上发射时的节奏。

使用弹链保证机枪射击的连续性

一般而言，机枪的供弹方式以弹链（Belt）为主。当然，也有些轻机枪为了携带方便，会采用弹匣或者弹鼓供弹。弹链可以把大量的枪弹以串联的方式连接起来，保证枪械持续稳定的射击，它主要供采用全自动射击方式的机枪或机炮使用。

如果是采用弹匣供弹的话，由于它的弹容量一般为10~20发，最多30发，射击时就需要频繁地更换弹匣，非常不便；而采用弹链供弹的话，至少能射出50~100发。理论上而言，只要把弹链接在一起，机枪就可以持续不断地进行射击。当然，有一个前提，那就是机枪不能因为枪管过热而损坏。一些安装在坦克上的大型重机枪，临战前都会将弹链平整地折叠装入枪弹箱里面，用来替代枪弹手的手动传输，防止弹链的扭曲。而小型的班用机枪则会将弹链装入帆布或者塑料制成的专用枪弹箱中，方便使用及携带。

早期机枪采用的是一种帆布弹带（Canvas Belt）的弹链供弹方式，由于生产工艺的问题，常常会出现供弹不良的现象，这种方式已经被淘汰。现代机枪大多使用脱落式金属弹链进行供弹，当机枪的供弹装置将枪弹从弹链中脱离以后，链钩就会自动脱落。无论是选择哪一种弹链，都是为了保证机枪能够连续不断、无故障地进行射击。

重机枪在采用弹链供弹时，机枪内部的构件会不断地将即将发射的枪弹拖入机枪里，这时，除了机枪手负责射击外，还需要有一名枪弹手配合机枪的动作扶住弹链将之拉平，避免出现因弹链扭曲造成枪弹卡壳、供弹不良的故障。另外，就算供弹没有问题，枪管如果过热的话也会出现机械故障。因此，在连续射击了200~300发枪弹以后，需要暂停射击，待枪管冷却或马上更换枪管。

避免出现枪弹供应不上的情况

把枪弹串成弹链，能够有效避免枪弹供给不足的情况发生

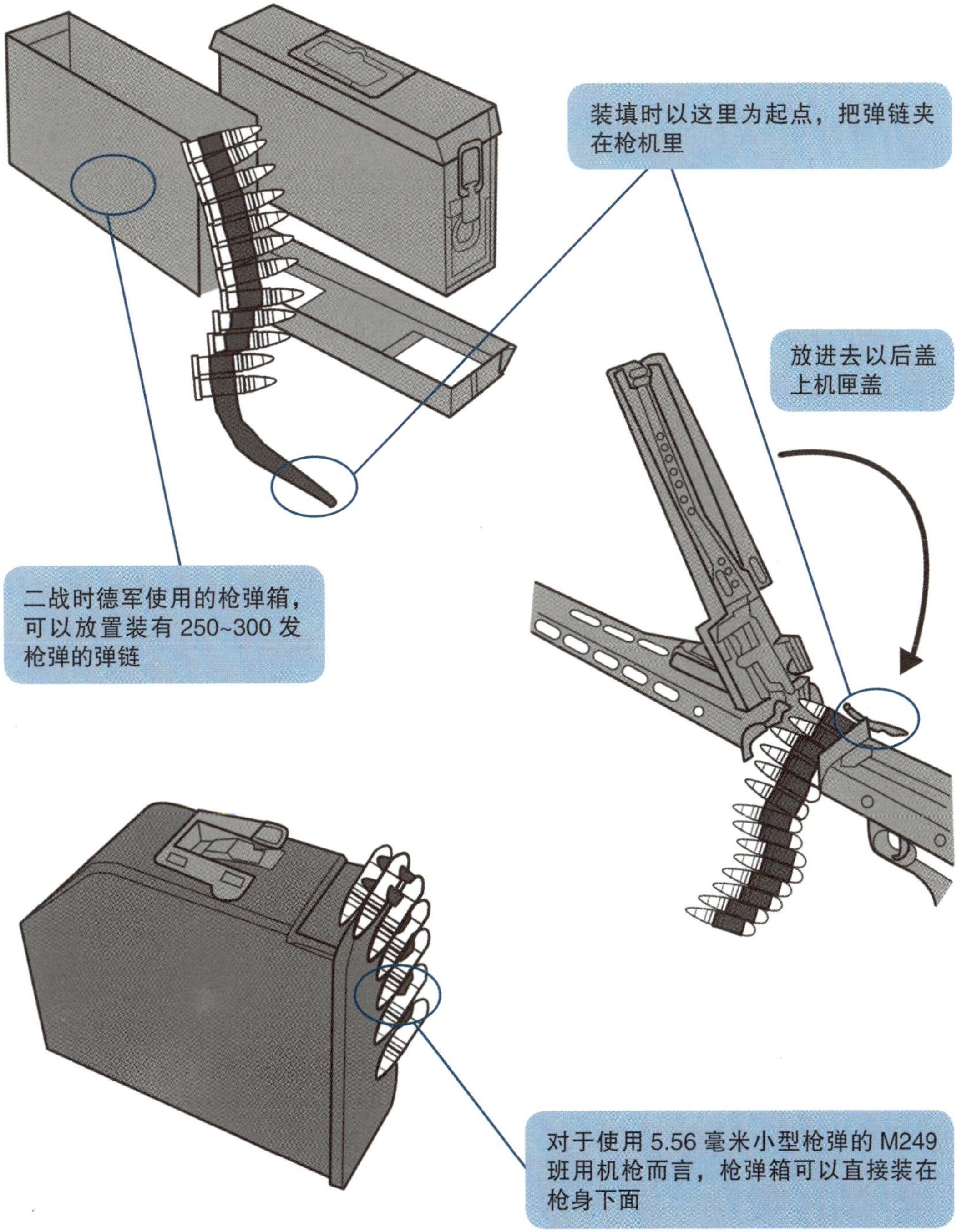

No.036 弹链中的枪弹是如何连接的

弹链供弹是机枪的主要供弹方式，一般的弹链会把少则 50 发，多则数百发枪弹串联起来，那么如何将枪弹固定在弹链上呢？

弹链的连接方式

弹链供弹虽然只是机枪外设的一种供弹方式，但是鉴于弹链的重要性，它几乎可以算是机枪中的一个重要零件。旧式的轻机枪普遍采用弹匣来供弹，这样也会出现一个问题，就是不能保持射击的连续性。因此，采用弹链供弹的方式才是最适合机枪的供弹方式。

早期的弹链是一种用帆布制成的弹带，由于射击时容易出现供弹不良，后来普遍改用金属弹链。金属弹链使用“链钩”将枪弹串联起来，完整的弹链看起来就像是自行车的链条，弹壳可以起到类似链条上固定铆钉的作用。弹链被装进枪机后，每次枪弹上膛，链钩就会被拔掉，随着每发弹头的发射完成，链钩与弹壳会通过抛壳口一同被抛出。

金属弹链分为可脱落式与固定式两种。二战中，德军给 MG34 机枪与 MG42 机枪所配备的弹链就是固定式弹链。固定式弹链在射击以后，会从机枪装填口的另一侧抛壳口将弹链呈一定长度完整地直接排出，使用过的弹链可以通过手动装填枪弹后再次重复使用。美军与德军的做法不同，选择的是可脱落式弹链，它从一开始就已经将枪弹串好并装进枪弹箱备用。如此一来，士兵只要将它从枪弹箱里取出就可直接使用，在战场上也无需自己临时手动串联弹链。不过，为了便于在弹链中加入穿甲弹、曳光弹等枪弹或将剩下的短弹链连在一起再次使用，通常还是会准备好专用的制作弹链工具。

这两种方式并无优劣之分，由于美军的后勤补给充足，枪弹不足的时候可以随时要求后方进行补给；而德军这种可以重复使用的直接动手制作弹链的方式在某些特殊作战条件下使用起来更为方便。

弹链的连接类型

脱落式弹链

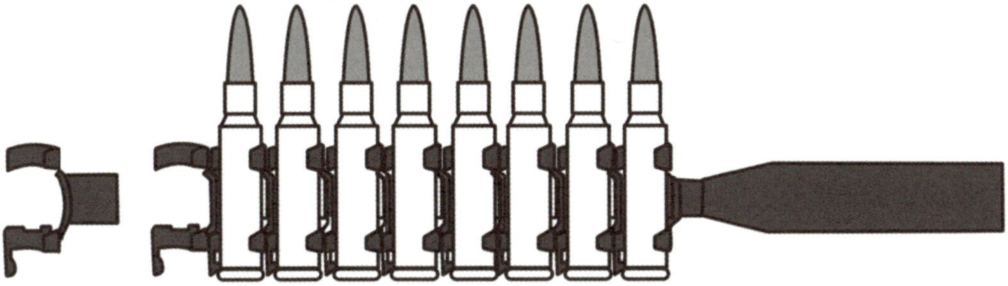

金属制的链钩通过枪弹连接成串

固定式弹链

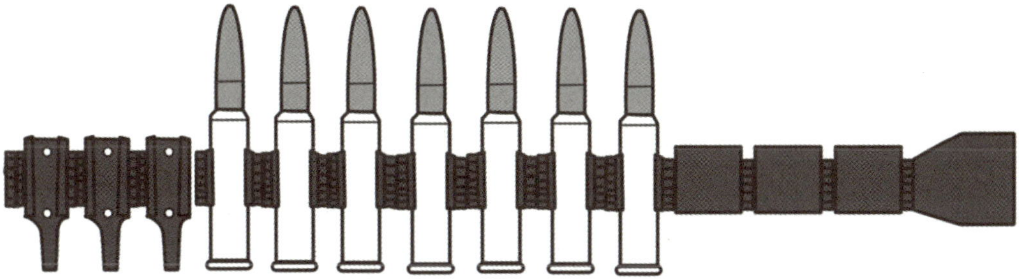

链钩从一开始就是连接在一起的

制作弹链的工具

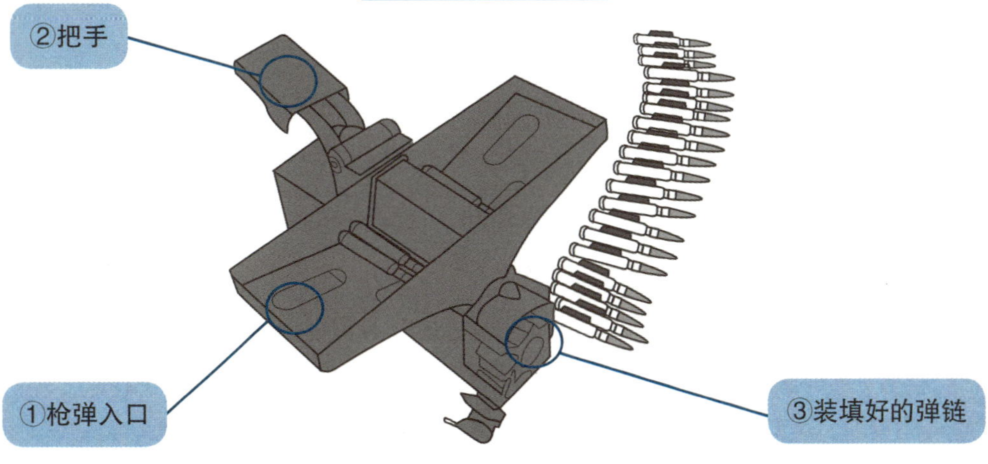

No.037 弹鼓内部的结构是怎样的

在一些冲锋枪或者机枪上，有一个圆盘状的构件，这就是弹鼓。弹鼓与弹匣相比，它的弹容量更多，可以容纳 50~100 发枪弹。

为携带更多枪弹而设计

弹鼓与一般的盒型弹匣相比，可携带的枪弹数量更多。对于强调连续射击能力的冲锋枪和机枪而言，弹容量的大小可以决定枪械持续射击的时间，它也是衡量枪械威力的重要标准。

由于弹鼓和盒型弹匣的形状不同，内部的供弹弹簧也必然有所区别。弹鼓为圆盘状，其内部的供弹弹簧要比盒型弹匣复杂许多，这也导致了弹鼓的弹簧更容易出现故障。旧式的一些采用弹鼓供弹的手枪、冲锋枪常常会因为弹簧的问题导致供弹不良，采用同样供弹方式的机枪也不例外。

不过到了二战时，德国研发的 MG34 机枪改变了人们以往的认知。MG34 机枪同样是采用弹鼓供弹的设计，但是其弹鼓却很少发生故障。这是由于 MG34 机枪将所配用的弹鼓中的弹簧、转轴等传动机构予以取消，这些构件正是造成弹鼓频频出现故障的罪魁祸首。MG34 机枪的弹鼓与以往的弹鼓不同，它的内部采用弹链进行供弹。因此，只要将枪弹串联成弹链装入弹鼓中即可。这样，原本需要弹簧、转轴等推送枪弹的构件也就没有必要存在了，取消它们以后，不但可以减轻重量，加大弹容量，而且故障率也大幅度降低。当然，在把弹链装进弹鼓的时候，还是要注意保持弹链的平顺。

弹鼓供弹不仅能够像弹链供弹一样进行长时间射击，还具有弹匣容易携带、便于更换的优点。二战后，美军装备的 M249 班用机枪（比利时 FN 公司研发）所配用的盒型枪弹箱，在供弹原理上就与 MG34 机枪的弹鼓极其相似。M249 机枪所用的枪弹箱整体外形呈梯形，起初是由塑料制成，可以容纳 200 发枪弹。后来，为了便于士兵卧倒射击，改为由尼龙制成的 100 发枪弹箱。

弹鼓的内部结构

圆形弹鼓所容纳的枪弹数量要比普通的盒形弹匣多

汤普森冲锋枪的弹鼓

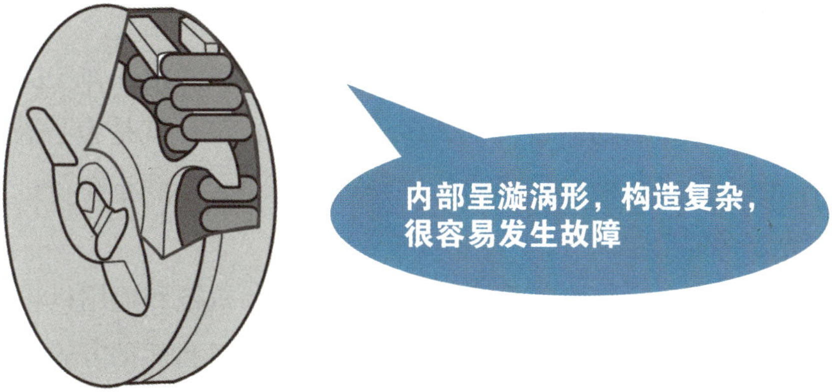

MG34 通用机枪的弹鼓

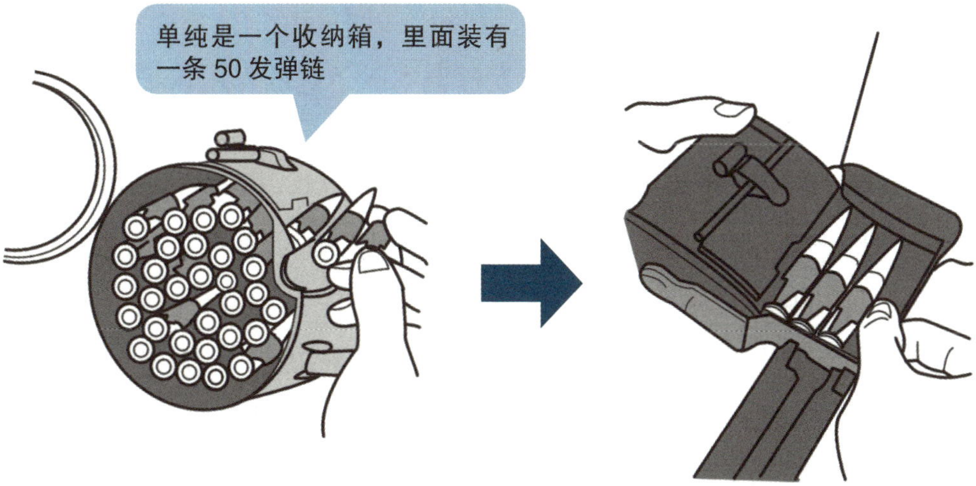

No.038 机枪为什么需要备用枪管

在机枪采用弹链供弹以后，能够持续射击的时间大大延长，那么，是不是只要不断供弹，机枪就能一直射击呢？

枪管过热会导致枪械故障

持续进行射击的机枪会在高温的发射气体以及枪弹弹头的摩擦下严重发热并出现故障，早期的重机枪大多采用水冷式设计就是为了避免这一问题。然而，由于用来帮助枪管降温的水箱过于笨重，不利于在行进中搬运，这种方式早已被淘汰。

为了方便士兵使用，采用风冷式设计的轻机枪和通用机枪逐渐取代了依靠水冷散热的重机枪。风冷式机枪是让枪管通过自然的方式来散热，虽然轻便了很多，但是它的发热问题也更为严重。

取消水冷装置的目的，原本就是为了在保持机枪威力的同时方便携带，可是这样一来，由于枪管发热的问题，机枪在射击一段时间后必须要停止射击，以使枪管冷却下来，似乎无法充分发挥原本赋予它的作用。于是，如何缩短机枪射击时的中断时间成为必须解决的首要问题，最终解决方法就是采用可更换式枪管，当一根枪管过热以后，可以迅速换上另一根冷却的枪管继续射击。

首先将这种方法付诸实践的是德国人，他们对机枪枪管的接口进行了改良，使得拆卸和安装枪管只需要很简单的几个步骤就可以完成。作为世界上第一挺真正意义上的通用机枪，MG34 机枪就是采用这样的设计。通常，它会同时配备几根备用枪管，当正在射击的枪管过热时，射击手可以戴着隔热的石棉手套迅速将其更换。也许，就是这一简单设计成就了 MG34 机枪“一代名枪”的威名。

二战后出现的 M60E3 与 M249 这些机枪更换起来更为简单，其提把与拆卸枪管结合在一起。这样，即使不戴隔热手套，射击手也可以快速地完成枪管的更换。就现代机枪而言，可更换式枪管已经成为必备的部件。

需要经常更换的机枪枪管

由于连续射击会造成枪管迅速发热，因此必须想办法令枪管冷却

方法 1：用水冷却→笨重的水箱使原本就很重的机枪更重

方法 2：放置等待冷却→射击会中断

可更换式枪管出现

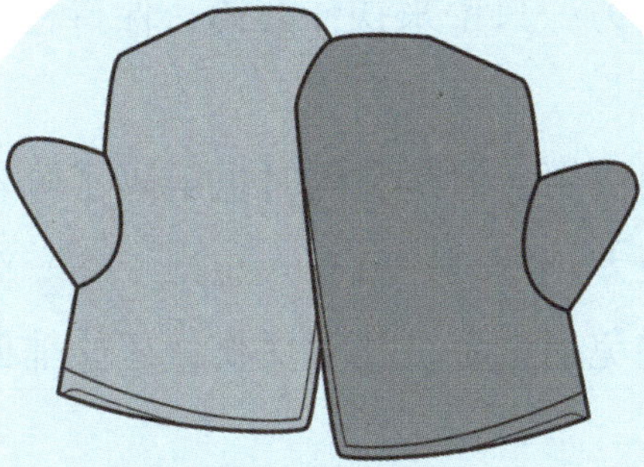

更换枪管使用的手套

起初的可更换式枪管要用手直接握住方能进行更换，因此要先戴上石棉手套才行

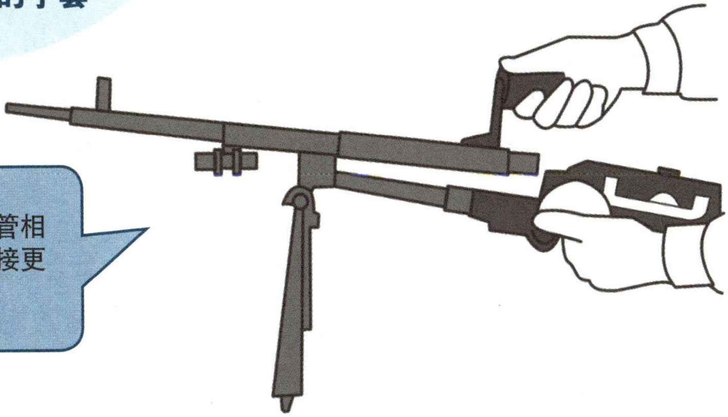

现代机枪则是将提把与枪管相结合，利用提把就可以直接更换，无需再戴隔热手套

如果不更换枪管会怎么样？

如果枪管持续过热的话，枪管内的膛线会因为高温而变形，装填进枪膛的枪弹也可能会因为温度过高而自行燃烧，造成“炸膛”事故

No.039 机枪枪管上密布的小洞起何作用

在许多机枪的枪管外面布满了小洞，这些小洞其实并不是开在枪管上，而是位于包覆在枪管外的套筒上。

套筒与散热孔的作用

在许多风冷式机枪的枪管表面都密布着圆形或者椭圆形的小孔，甚至有的是近似长方形的沟状开孔。其实，这些孔洞并不是直接开在枪管上，而是位于枪管外的套筒上。

枪管套筒（Barrel Jacket）原本是安装在枪管外部为避免烫伤射击手的保护设施。在射击的时候，射击手可以腾出另一只手来扶住套筒，保持枪械的平稳。

套筒虽然能起到避免射击手被烫伤的作用，但是它同时也阻隔了枪管与空气的接触，使得枪管的冷却效果变得更差。于是，就有人想出了在套筒上开孔散热的方法，如此一来，不仅能够避免射击手被枪管烫伤，还能辅助枪管的散热。

此外，套筒的本身也不轻，很容易造成射击手射击时的疲劳，在套筒上面开孔还能起到减轻重量，减缓射击手疲劳的作用。不过，如果开孔过多会造成套筒的强度降低，所以，无论是开孔的位置，还是开孔的大小，都要从各方面来综合考虑，既要选择适合制作套筒的材料，还要保证机枪的重心平衡及射击时后坐力的影响等因素。

轻机枪和通用机枪使用的金属双脚架一般都会安装在套筒附近，根据传导原理，也会起到一定的传热和散热作用。有的金属双脚架会采用平板结构设计，并且还会表面开有散热孔辅助枪管的散热。

水冷式机枪也装有套筒，不过这种套筒是用来容纳冷却水的，因此不会开散热孔。

枪管上的散热孔

枪管上的散热孔能够辅助冷却枪管

散热孔并非直接开在枪管上，而是位于套筒上

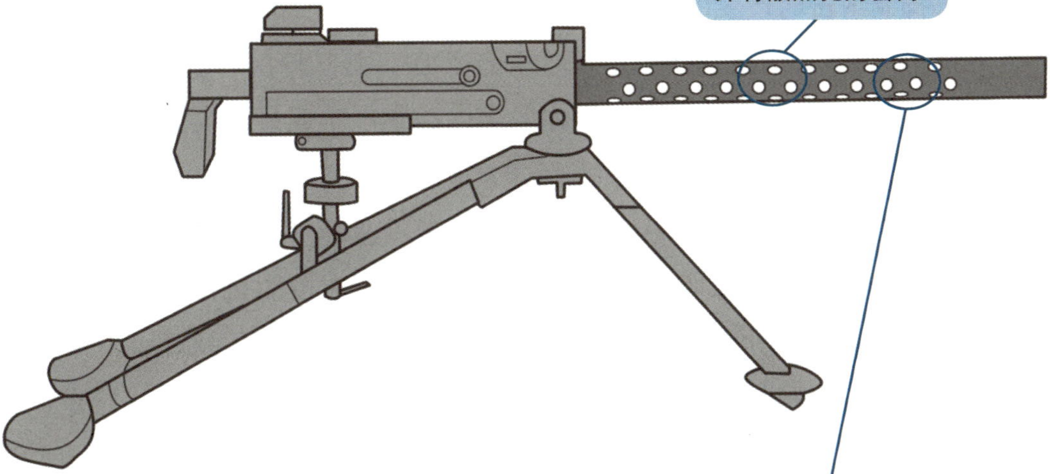

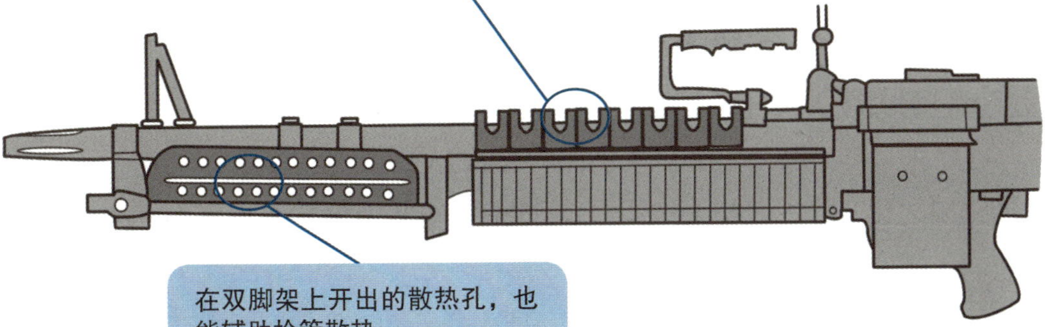

No.040 机枪枪口上的“喇叭”是什么

在旧式机枪上，喇叭状的枪口几乎是必不可少的，那么，喇叭状的枪口有什么作用呢？

能够抑制射击时产生的膛口焰

在射击的时候，火药燃烧的气体会随着弹头一并从枪口喷射出去，而且，高温的发射气体的热辐射与可燃气体混合以后会产生明显的火焰，这就是膛口焰（Muzzle Flash）。

膛口焰会呈环状从枪口喷出并且扩散开来，这样一来，射击手的视线有可能会受到影响，若是离枪口太近，射击手甚至还有可能被其灼伤。在连续射击的时候，不断涌出的膛口焰会形成连续的火苗，在与目标对战（尤其是夜间）的时候，很容易暴露出己方的阵地和自己的位置。

为此，人们不断寻找消除膛口焰的方法。最初，在研制炮口制退器时，人们发现圆锥形状的炮口对消焰有利，于是将其原理转用到枪口上，也就是“喇叭枪口”，于是，最早的枪用消焰器诞生了。

在一战和二战中，消焰器的研发并没有得到多大进展。这一时期的典型消焰器主要还是喇叭状枪口，它曾被广泛应用在机枪、机炮上，如捷克 ZB26 轻机枪和 ZB53 重机枪采用的消焰器，以及苏联“捷格加廖夫”（DP）轻机枪、德国 MG34 机枪和 MG42 机枪的消焰器等。

其中，MG34 机枪和 MG42 机枪的消焰器还兼有助退器的作用，它是靠枪口前端的一个小气室使高压燃气对枪管起到助退的作用，这是管退式轻兵器中常见的一种形式。在此基础上，出现了一些突击步枪使用的带有消焰作用的“枪口制退器”。

近年来，随着技术的进步，枪弹的发射火药燃烧效率有所提高，枪械的设计也随之出现了一些新的变化。就算是不安装消焰器，也不会产生多少膛口焰。

用来抑制膛口焰的消焰器

消焰器

用来抑制射击时枪口出现的膛口焰。

没有安装消焰器时

没有完全燃烧的发射气体喷出枪口后与可燃气体混合，引起燃烧

膛口焰燃烧的时很刺眼，不仅会暴露射击手的位置，还会影响射击手的视线

装上消焰器以后

喇叭状的造型可以令发射气体逐次向前喷出，不至于瞬间扩散，能够在一定程度上起到消焰的作用

MG34 机枪的消焰器

No.041 机枪的射速指的是什么

考察枪械性能，尤其是机枪的性能的时候，有一项参数非常重要，那就是机枪的射速。

什么是射速？

所谓射速，是指射击类武器在单位时间(一般是一分钟)内能够发射的最多枪弹数量。用来表示射速的单位通常是“发/分”，国际上通用的表示方式为“RPM”（英文全称 Revolutions Per Minute），RPM 就是一分钟之内可以循环几次枪机动作，给弹、装填、闭锁、击发、开锁、退壳、抛壳、待发这八个动作为一循环动作。两种表示方式的实质是一样的。

射速还包括理论射速和战斗射速，一般在性能参数里面表示的射速充其量只不过是个理论值而已。就算某型号机枪的理论射速能够达到每分钟发射 500 发或者 1000 发，但在实际战斗中还是达不到这个峰值的。

在实战中，武器的射速要受到诸多限制，如射击手要完成举枪、瞄准、击发(自动武器通常以点射方法实施)、更换弹匣(弹链)和转移射击等动作，并且还要保证一定的命中精度，所能发射的最大枪弹数量比较有限。仅仅是这一过程就需要消耗相当长的时间，所以，在单位时间内发射的弹数自然比理论射速要少，通常战斗射速是理论射速的 15%~20%。

在测定理论射速则不会考虑这些问题。例如，在计算机枪的理论射速时，只需要给机枪挂上一条 100~200 发的弹链，从射击手扣下扳机射击时开始计算时间，直至枪弹完全打完为止，计算出射击 100~200 发枪弹所需的时间，从而推断出每分钟可以发射的枪弹数量。

虽然理论射速与战斗射速差别很大，但是对机枪而言，理论射速越高越好。当然，射速越高的机枪对枪弹的消耗就越大，因此出现了一些能够通过快慢机来手动调节射速的机枪。

机枪的射击速度

二次战中，机枪的射速大多都为 500 发 / 分

高速

1 500 发 / 分（MG42 机枪）

900 发 / 分（MG34 机枪）

MG42 机枪和 MG34 机枪射速很快，常被用作防空用途

450~550 发 / 分（勃朗宁 M2 重机枪）

二战时美军的制式重机枪，拥有多种改良型号

450 发 / 分（九二式重机枪）

日本的主力机枪，射速比较低，称被称为“啄木鸟”

低速

有一些型号的机枪排气口上的气体调节器可改变排气流量以调整射速

BAR1918A2 机枪

高速：550 发 / 分

低速：350 发 / 分

M249 班用机枪

700~1 000 发 / 分

No.042 突击步枪算机枪吗

突击步枪是可以进行全自动射击的步枪，与同样采用全自动射击的机枪相比，它的射速较低、枪弹较小。

能够全自动射击的步枪

受一些小说或者影视作品的误导，常常会有人将 M16、AK47 等突击步枪误认为是机枪。虽说按照射击原理，突击步枪的确与机枪相同，但是，如果要按照枪械的实际应用来进行划分的话，突击步枪与机枪是截然不同的两种枪械。

首先，“机枪”（Machine gun）是指全自动、可快速连续发射的枪械。这个特征就表明了机枪的意义，它采用的弹链供弹、可更换式枪管设计，都只是一个目的，就是保证机枪射击的连续性。因此，机枪有一个明显的用途就是对目标实施持续地火力压制，并为己方士兵提供火力支援。

“突击步枪”是将步枪与冲锋枪相结合，能以全自动或半自动模式射击的步枪。也就是说，突击步枪虽然能够进行全自动射击，但是其本身并非以搭建火力网为主要作战目的。在实际战斗中，突击步枪往往会采用点射的方式来进行攻击目标。以 M16A2 突击步枪为例，为了防止士兵在战斗中扣住扳机不放，造成不必要的枪弹浪费，在设计中加入了只能三连发的限制。现在，突击步枪依然遵循这一原则，可以按照实战需要调整不同的射击模式。

突击步枪有别于机枪的主要表现还有以下几点：①它必须是可供单兵携带的轻兵器，并装有枪托；②能够以全自动或半自动模式射击；③通常使用中间型威力枪弹或小口径步枪弹进行射击；④枪弹必须由可拆卸的弹匣提供。

虽然很相似，其实各有千秋

虽然都可以进行全自动射击，但是是有区别的

机枪

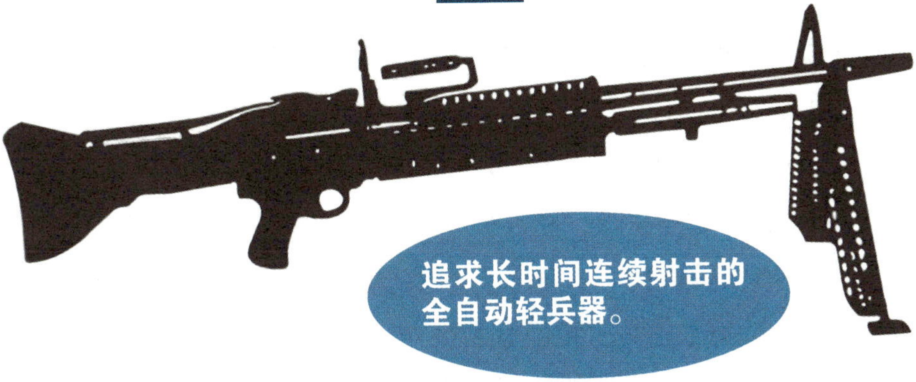

- 连续发射大量的枪弹
- 口径多为 12.7 毫米，少数为 5.56 或 7.62 毫米
- 枪管设计、供弹方式等都是为了连续射击而准备的

突击步枪

- 小型化的自动步枪
- 使用中间型威力枪弹或小口径步枪弹
- 采用弹匣供弹

突击步枪的作战用途与机枪不同，是为了提高士兵的个人战斗能力，加大枪弹的携带量，而不是像机枪那样只是纯粹地追求火力

No.043 勃朗宁自动步枪

一战期间，参战后的美军发现，在环境恶劣的堑壕战条件下，他们的火力不够密集，迫切需要一种能够半自动或者全自动射击的枪械。

往往被人误认为是机枪的自动步枪

从一战开始，各国都寄希望于研究新式的自动枪械来提升单兵的作战能力，对自动枪械的研发掀起了一个高潮。

一战末期，美军开始装备一种被称为“BAR”的自动射击枪械，该枪械美军编号为 M1918。所谓的“BAR”，其实就是勃朗宁自动步枪（Browning Automatic Rifle）的简称，它是由世界著名枪械设计师约翰·摩西·勃朗宁（John Moses Browning）所设计的，勃朗宁还研发出经典的勃朗宁 M2 重机枪。勃朗宁自动步枪与当时盛行的轻机枪不同，实质上它是一种能够进行全自动射击的步枪。一战结束以后，欧洲各国都曾仿制过勃朗宁自动步枪。

勃朗宁自动步枪真正大显身手是在二战时的美军中充当班用火力压制型武器使用。当时，美军每排装备 3 支勃朗宁自动步枪，组合使用时可以构建出一组火力压制点，大大提高了步兵班的火力压制能力。二战期间，共有 20 余万支勃朗宁自动步枪被美军使用。

勃朗宁自动步枪也不是完美无缺的，他原本被设计为方便单兵携带的自动步枪，可以在行进中进行射击，为步兵班提供一定的火力支援。但是，由于它的重量（全重 7.5 公斤）过大，其实并不方便携行，而且，它发射的大威力步枪枪弹产生的后坐力在全自动射击时会严重影响射击精度，阻碍了其作为真正自动步枪的使用，而往往被拿去扮演轻机枪的角色。然而，弹匣供弹且不可更换枪管的设计又很难让它真正发挥出轻机枪的作用。

即便如此，由于勃朗宁自动步枪结构简单、坚固耐用，在当时的自动枪械普遍容易出现故障的情况下，具有十分值得信赖的可靠性，在战场上受到了士兵的广泛喜爱。

勃朗宁自动步枪（Browning Automatic Rifle）

BAR=Browning Automatic Rifle，意为：“全自动射击的步枪”

勃朗宁 M1918 自动步枪

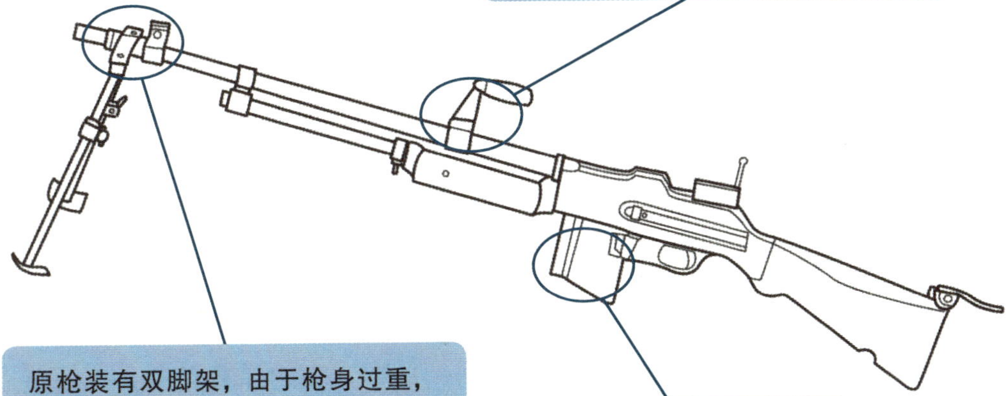

装上提把以后，可以避免枪械在阵地移动中滚烫的枪管将射击手灼伤

原枪装有双脚架，由于枪身过重，后常常被拆掉

使用可容纳 20 发 7.62 毫米枪弹的弹匣

在一战末期登场的勃朗宁 M1918 自动步枪，可选择半自动或者全自动射击方式

↓

二战中使用的改良型 M1918A2 轻机枪改为全自动高低速两档可调模式（高速：500 发 / 分；低速：300 发 / 分）。

由于勃朗宁自动步枪使用的枪弹与当时美军的制式步枪 M1 式加兰德步枪相同，因此，基本上不存在枪弹补给问题。这种“枪弹通用”的方式被之后的班用机枪所采用

No.044 弹着点意味着什么

弹着点是指弹头命中的目标点。这里所说的弹头包括枪弹、炮弹、火箭弹、导弹等现代武器的弹头。

形成的弹着点会给目标造成致命伤害

通常，弹着点不仅包括弹头最终会命中的目标点，还包括弹头可能命中的目标区域。当然，这样算下来，弹着点所表示的就不再是一个点，而是一片区域，也就是“弹着区”。

以机枪为例，它本身就是通过向指定目标区域连续发射大量的枪弹来有效地压制、打击目标，因此，机枪的弹着点所覆盖的范围相当广。机枪的弹着区指的是以机枪为圆心，在其前方呈上下左右分布的扇形区域，弹着区的大小要视实际的战斗环境而定。当目标比较集中或者射击方向比较确定的时候，弹着区自然就会比较集中，范围也会比较小，每颗弹头的弹着点也会比较接近。如果目标比较分散，机枪必然采用上下左右不断扫射的射击方式，这时弹着区的范围就会比较广，弹着点也随之散开了。机枪可以凭借枪弹弹头的数量来覆盖大范围区域，保证这一区域内都有弹着点的分布。

像步枪这种追求一定射击精度的枪械，它的弹着点范围就会小得多。步枪在射击时通常都是先瞄准目标以后再进行射击，弹着点一般都集中在目标的附近。如果枪法好，能够做到例无虚发的话，弹着点也就是命中目标的部位。

在实际战场上，有时就算是明明瞄准了目标，目标也可能会受到其他因素的影响而最终未能命中。因此，战斗中双方士兵不断开枪射击的目的就是为了扩大弹着区的范围，希望能够增加对方中弹的几率。

多挺机枪组成的火力网可以说是阵地战中最危险的区域，这一区域由多个弹着区互相重叠而构成，因此，在这个区域内几乎密布弹着点。要是目标进入了这个区域，根本不用质疑它会不会被击中，而是应该计算该目标会被弹头击中的次数。

弹着区

枪械发射的弹头散布的范围，也就是可能命中的区域

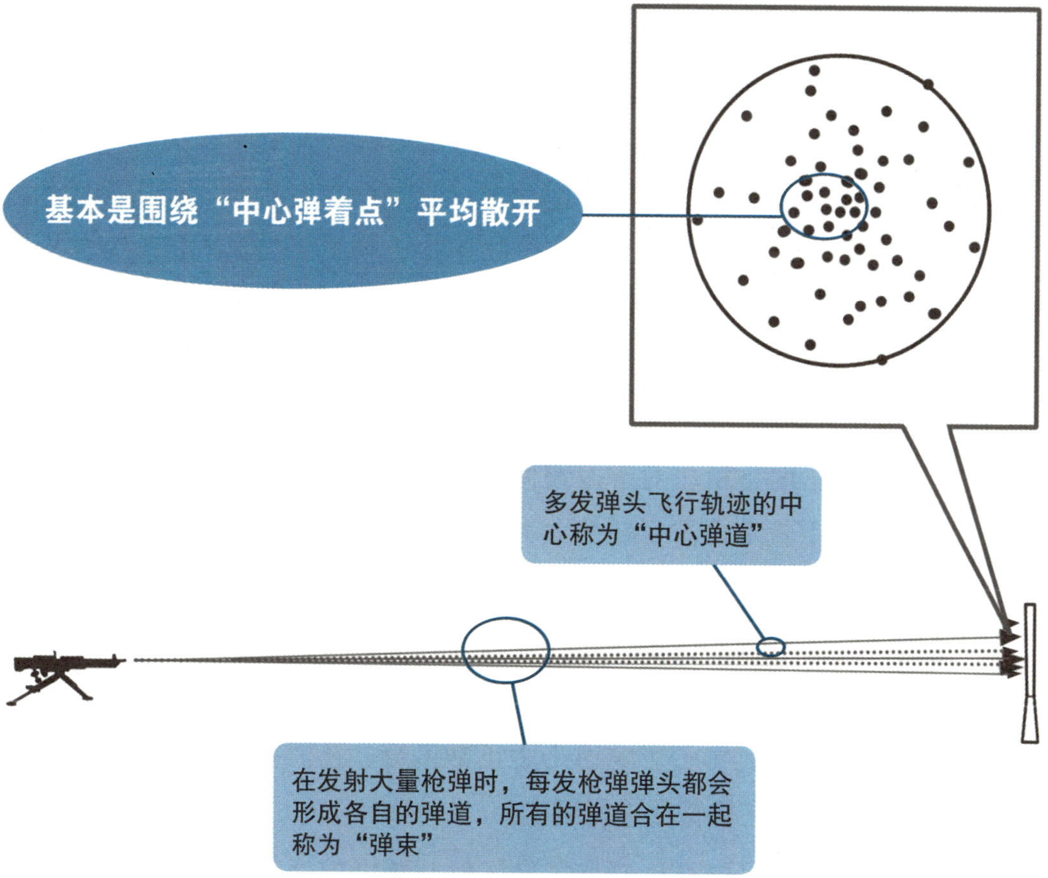

重叠的弹着区最危险

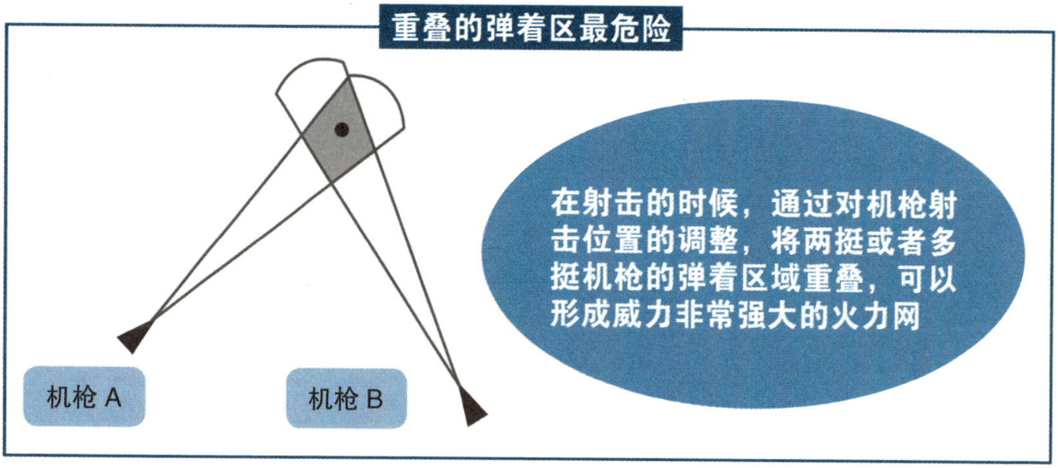

1
2
3
4

No.045 抵肩板有什么作用

在轻机枪、通用机枪、突击步枪等许多能够进行全自动射击的枪上，都装有抵肩板。

在射击的时候可以固定枪托

抵肩板是枪托上的一个部件。在自动射击的时候，由于每次射击都会有巨大的后坐冲击力，随着连续不断地冲击，原本抵在肩膀上的枪托会滑动，影响射击的精度。抵肩板就是起到使枪托压在肩膀上，避免枪托上下移动的作用。由于抵肩板本身就是为了抑制枪身的震动，因此在卧倒射击时大多会配合双脚架一起使用。

使用装有抵肩板的枪托进行射击的话，抵肩板可以从上面压住肩膀，保证枪托不会在射击时下滑。对于习惯使用右手的射击手来说，使用抵肩板压住右肩以后，左手就不再需要耗费太大的力气来保持枪身平稳，保证射击手可以进行长时间的射击。

需要进行卧倒射击的枪械，如装有双脚架的轻机枪、通用机枪、自动步枪等，都会在枪托尾部装上抵肩板。抵肩板一般为上掀式结构，在不需要的时候直接盖在枪托上，不会影响射击手正常携行。在需要时可以直接把抵肩板掀起，将枪托固定在肩膀上进行射击。

从二战开始，轻机枪、自动步枪等枪械开始逐渐取消抵肩板，枪托尾端的直线设计被更能紧贴肩膀的曲线设计所代替。二战后，突击步枪的口径逐渐缩小，主流的突击步枪的口径从 7.62 毫米缩小为 5.56 毫米，突击步枪的后坐力也随之减小，抵肩板的作用也就不再那么重要。现在，只有少数型号的机械还装有抵肩板。

像 M249 班用机枪等需要进行长时间射击的班用自动枪械，重量要比突击步枪和轻机枪大很多，安装抵肩板可以帮助射击手更好的支撑住枪身，保持好重心平衡。

可以提高全自动射击时的稳定性

为了防止在全自动射击时枪托上下滑动而安装的固定用零件

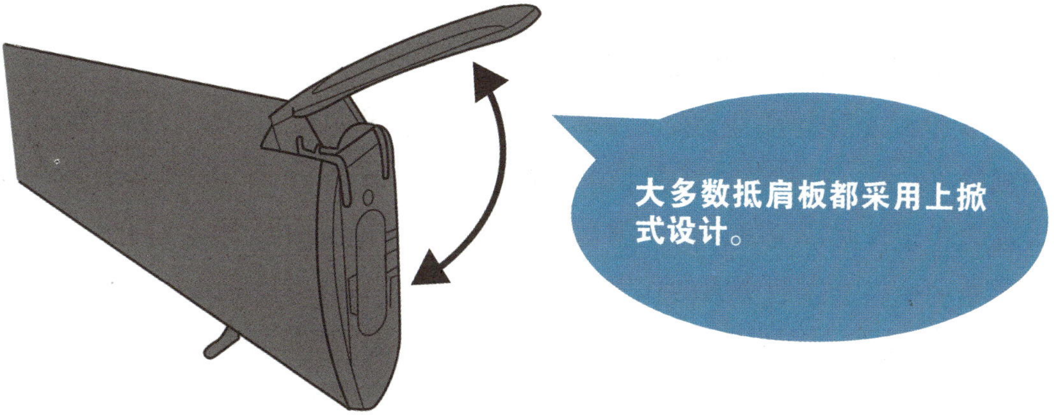

没有抵肩板的情况

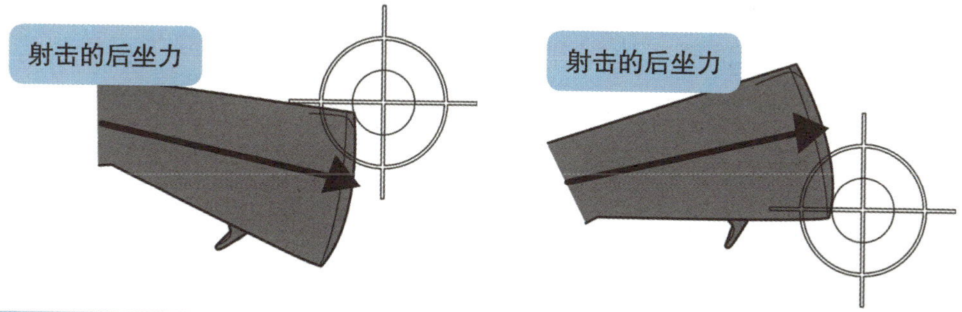

如果不用力固定枪托，后坐力会令枪托移动，影响射击精度

使用了抵肩板

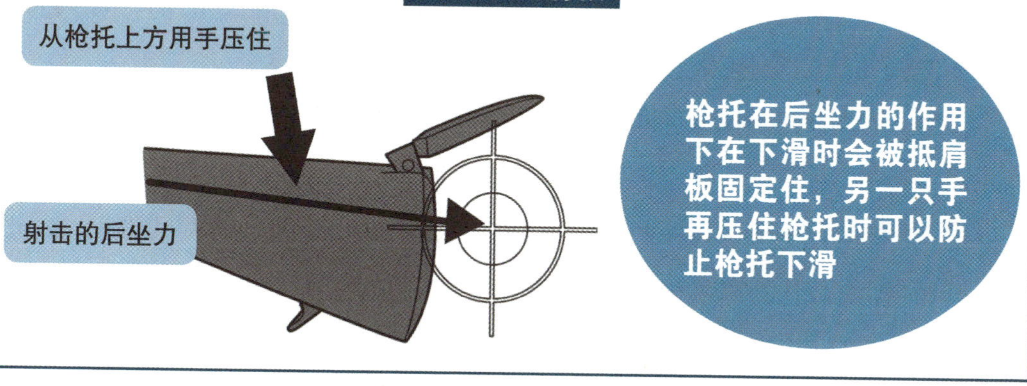

No.046 冲锋手枪有哪些优缺点

冲锋手枪（全自动手枪）在近距离交锋时可以连续自动地发射枪弹，威力极大。

冲锋手枪，也称为“全自动手枪”

从枪械的射击原理上看，冲锋手枪的制造难度并不算大，但是，必须考虑到的一点是，手枪在大多数情况下都是通过单手握持的，需要双手握持的冲锋枪稳定性必须更好才能占据优势。若是在实际使用中连续发射枪弹，冲锋手枪的枪口会在后坐力的作用下产生剧烈晃动，射击精度无法得到保证。因此，大多数冲锋手枪都装有小巧的枪托，也有的配套枪套兼具枪托的作用，供射手在射击时顶住肩膀，减少后坐力的影响，提高射击精度。

腕力不足的人如果使用冲锋手枪进行全自动射击，恐怕除了首发枪弹还能保证一定的精度以外，其他的弹头都会向其他方向乱窜。这种情况对于只能装填 7~12 发枪弹的冲锋手枪而言，这是个致命的问题。扣一下扳机就将弹匣中的枪弹打完，要是命中目标还好，如果没命中，自己就恐怕只能缴械投降了。

有人会问，那不是还有长弹匣吗？长弹匣虽然能够增加弹容量，但是也会相应增加手枪的尺寸和重量，如果手枪无法放到枪套中随身携带，那为什么不选择使用冲锋枪或者突击步枪呢？

手枪本身的意义就在于，既可以装进枪套中随身携带，又不影响其他武器的使用，能够在紧要关头直接拔出使用。失去了这一优势的话，冲锋枪和突击步枪就要比它实用得多。

当然，在相对狭小的空间里，冲锋手枪还是具有一定优势的。外型小巧的冲锋手枪即使是在丛林、室内等狭小的空间中，也能保证枪械的正常威力，而步枪、机枪等则有可能会因为受到空间的限制而影响枪口的调转方向。因此，在一些特种部队中，常常也会将冲锋手枪作为备选枪械供一些特殊环境下使用。

冲锋手枪

冲锋手枪的优点

- 狭小的空间中很适用
- 能够随身隐藏
- 受过训练的特种队员才能充分发挥其优势

冲锋手枪的缺点

- 弹容量少，一般只有 7~12 发
- 在全自动射击时稳定性很差，命中率低

斯捷奇金冲锋手枪（Stechkin APS）

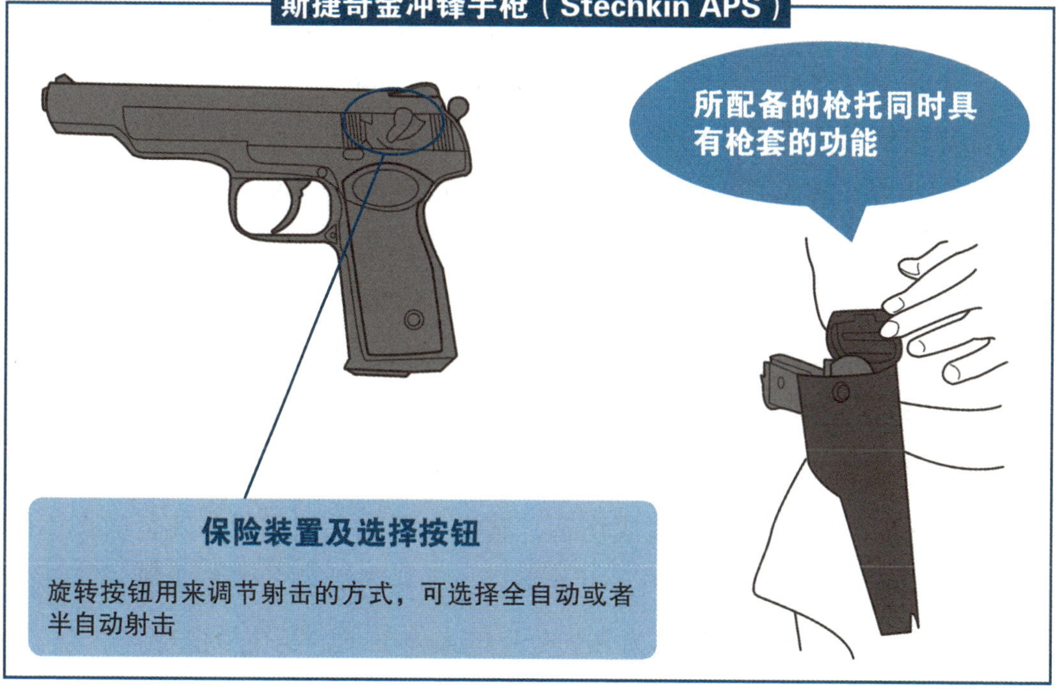

格洛克 18C 冲锋手枪

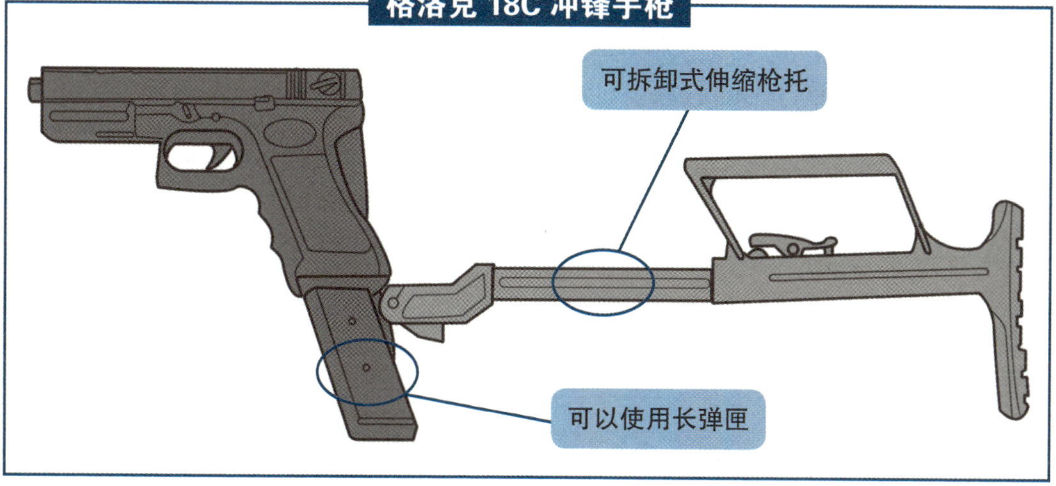

专题：被大威力枪械发射的枪弹击中后身体会往后飞吗

在电影中，我们常常可以看到人被枪弹击中以后会很夸张地向后飞，甚至还会撞上后方的墙壁或者撞碎身后的玻璃窗。这样看起来，这种能够直接将人击飞的枪械威力一定是非常巨大的了，那么，现实中的大威力枪械所造成的冲击力是否真的能达到这种程度呢?

枪械的威力大小很大程度上依赖于其使用的枪弹，因此，许多枪械为了追求大威力都会选择使用麦格农弹。虽然麦格农弹的威力要比普通的枪弹强一些，可是想要直接把目标打飞恐怕还是很难做到的。

若要想依靠枪弹产生的冲击力将击中的目标推动，首先要考虑的是弹头的重量和速度，其次是人的身体重量。通常口径为 12.7 毫米的机枪弹的弹头重量约为 43 克，.44 麦格农弹则只有 15.6 克，以这样重量的弹头将人击飞是不可能的。

另外，枪弹的威力与所蕴含的动能息息相关，速度越快，则动能越大。不过，弹头速度增快的同时，它的穿透力也会更强，很有可能会导致弹头在命中目标以后还没来得及发挥全部动能，就已经穿透目标，根本来不及将人体击飞。

枪弹之所以能够对人体造成伤害，其实主要就是依靠弹头飞行时产生的冲击力来破坏人体的要害组织，也就是说，弹头蕴含的动能用来破坏人体组织是足够了，但是想要将体重为几十公斤的人体击飞，实在是很难。

像电影中那样出现人向后飞的情况，只可能是目标在看到对方开枪的同时做出的条件反射动作，不过，因为目标是在做动作的同时就被命中，所以造成了身体被枪弹打飞的假象。

第三章
威力型武器

No.047 多大的口径才能算是“大口径”

口径是指枪管的内径，虽然，我们常常会说到大口径、小口径，但是实际上，目前并没有一个明确的标准。

大口径的枪威力就大吗

在衡量枪械威力大小的时候，它的口径的大小也是一个重要的衡量标准。但是，也不能简单地认为，口径越大就代表着枪械的威力越大。

同样为9毫米口径的军用型手枪与警用型手枪相比，军用型手枪无论是在射程还是初速上都会更高一筹，当然，军用型手枪造成的杀伤力会更大。再以使用7.62毫米枪弹的步枪与使用9毫米枪弹的手枪为例，步枪与手枪各自使用的枪弹不能通用，单从外形尺寸上来判断，两者存在着明显的差异，似乎9毫米的手枪枪弹更胜一筹；可是由于步枪枪弹所装填的发射火药更多，因此，虽然步枪枪弹的口径比手枪枪弹小，但是它的威力却更强。由此可见，并非口径越大，威力就越大。

通常，.45口径（11.43毫米）的手枪才会被称为大口径手枪，而步枪只要达到.30口径（7.62毫米）就已经毫无疑问地属于大口径步枪了。目前，欧美各国装备的突击步枪都是以.22口径（5.56毫米）为制式标准，而军用手枪的制式标准为9毫米。在实际使用中会发现，突击步枪所用的5.56毫米枪弹无论是射程上还是威力上都是9毫米手枪枪弹无法媲美的。

也就是说，在不同类型的枪械之间，单纯地比较口径大小是毫无意义的。

另外，需要注意的是，在表示口径的单位中，我国惯用“毫米”为单位表示，如11.43毫米、9毫米、5.56毫米等。而欧美一些国家地区则习惯使用“英寸”为单位表示，就是我们常见的.38口径、.45口径等。这种用英寸表示口径的方法其实是一种缩写，意为口径大小为0.38或者0.45英寸。

怎样才算是大口径

所谓大口径，要根据枪械种类不同来区分，手枪、步枪都会有所差异

大口径手枪 口径≥ .45 口径（11.43 毫米）

由于手枪枪弹尺寸小，所装填的发射火药有限，加上枪管长度短，至少大于 10 毫米以上的口径才算大口径

大口径步枪 口径≥ .30 口径（7.62 毫米）

由于步枪枪弹尺寸比较大，能够装填大量发射火药，口径就算只有 7.62 毫米，也属于大口径

口径的表示方法

在表示口径的时候，如果只有数字而没有单位，就说明是用英寸表示

.45 口径 =0.45 英寸（11.43 毫米）

.38 口径 =0.38 英寸（9.6 毫米）

.22 口径 =0.22 英寸（5.56 毫米）

有些专业资料里面会完整地将 .45 口径写为“0.45 口径”

No.048 反坦克步枪有用吗

反坦克步枪，顾名思义，是用来攻击坦克的大型步枪，那么，这种枪械是如何被用来对付坦克的呢？

步枪想要完全击毁坦克是不可能的

出现于一战中的坦克彻底改变了陆军作战的方式。它集火力、装甲防护力和机动力于一身，在战斗中主要用于突破敌方防线、消灭敌方步兵以及歼灭敌方坦克和其他装甲战斗车辆。最初投入战场的坦克是英国急于改变战局而未经测试的试验品，德国对俘获的坦克进行分析以后，也将坦克投入到战场中使用。

最初的坦克装甲防御能力很薄弱，它的金属表面也没有经过硬化处理，只要用普通步枪发射加入了钢芯的特殊枪弹就能将其击穿。面对威胁，英军开始强化坦克的装甲，德军则随之研发出能够发射大型枪弹的反坦克步枪（Anti-tank Rifle）。

反坦克步枪第一次投入使用的时间是在一战末期，一战以后在一些地区的局部冲突中也较多使用。因为在这段时期，战后的各国开始削减军费预算，小型化的轻装甲坦克开始流行，这就给反坦克步枪发挥威力创造了空间。但是，到了二战时期，当反坦克步枪面对外形庞大、装甲厚重、火力强大的新式中、重型坦克时，也就无能为力了。

由于反坦克步枪的威力不足，它在二战中表现并不出色，步兵手中严重缺乏有效攻击坦克的大型枪械，这也直接导致了“铁拳”（Panzerfaus）、“巴祖卡”（Bazooka）等反坦克火箭筒的出现。

在二战以后的很长时间内，反坦克步枪几乎销声匿迹。后来，人们开始将这种步枪进一步改进后用于远距离狙击有价值目标、攻击轻型装甲车辆等，也就是我们现在所说的12.7毫米以及14.9毫米等大口径反器材狙击步枪。

曾经一度被淘汰

一战中，坦克开始出现。

↓

对策

- 装有钢芯的枪弹
- 步枪口径加大，反坦克步枪出现

↓

二战中，坦克装甲防御力的提升

↓

无论发射多大口径的枪弹，想要用步枪贯穿坦克装甲已经很难

↓

不过，仍可以通过射击坦克观察窗杀伤内部的士兵或者瞄准发动机、履带等薄弱位置进行射击

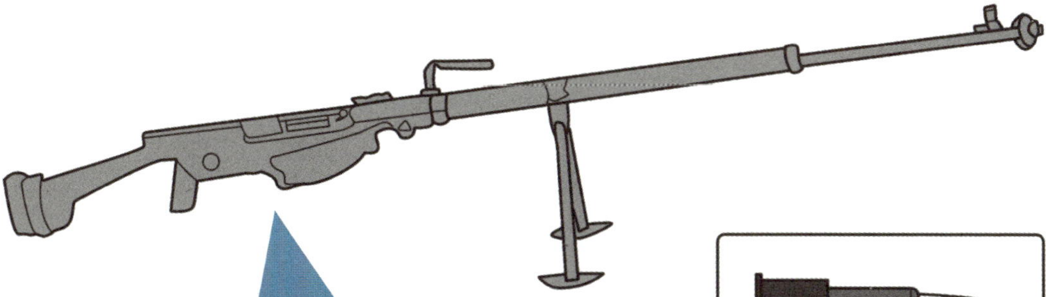

西蒙诺夫 PTRS-41 反坦克步枪

苏联著名的轻武器设计师谢尔盖·加夫里罗维奇·西蒙诺夫研发的反坦克步枪

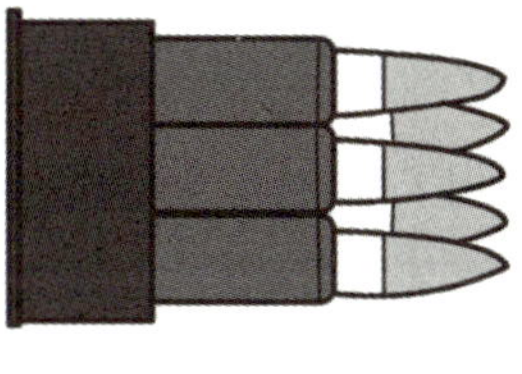

可装填 5 发 14.5 毫米枪弹

No.049 什么是反器材步枪

反坦克步枪曾一度由于跟不上装甲防护技术的发展速度而遭淘汰，不过，改进后的反器材步枪在远距离猎杀或者狙击轻装甲车辆时，它的作用还是相当显著的。

远距离的致命杀手

反器材步枪（Anti-materiel Rifle），又称为“反物资步枪”，是起源于一战时的大口径反坦克步枪。二战中，坦克装甲开始得到长足的发展，它的防御能力不断提高，不再会被反坦克步枪轻易击穿。随着用途的改变（改为用于破坏军用器材、物资以及轻装甲车辆的有价值目标），改进后的反器材步枪再次得以“焕发青春”。反器材步枪普遍使用大口径、高破坏力的大威力专用枪弹，该枪弹的外形与狙击步枪枪弹极其相似，而且它的口径更大，口径通常为12.7毫米或者14.9毫米，甚至还有的口径达到了20毫米。反器材步枪在射程、威力上要比机枪或狙击步枪更远、更强，适用于远距离猎杀目标。

由于最初的反器材步枪多采用简单的手动式枪机设计，再加上配套枪弹质量不过关的原因，它很难命中普通狙击步枪射程以外的目标。为此，到了20世纪80年代，各国开始研发专门用于反器材用途的大型步枪及与之配套的大口径比赛级枪弹，反器材步枪的射击精度得以大幅提升，与狙击步枪的射击精度不相上下。此后，反器材步枪开始逐渐被称为“反器材狙击步枪”。

随着现代军用技术的发展，战场上各种步兵战车、其他的通信、指挥、人员运输等轻型装甲目标日益增多，传统轻兵器在远距离对付这些目标时暴露出了不少缺点，如步枪、轻机枪射程近、威力小；中、小口径狙击步枪威力弱、杀伤效果差；反坦克火箭筒发射痕迹大、有效射程不足、精度差；重机枪重量大、后坐力大等问题，而命中率和威力都能满足要求的便携式反坦克导弹由于造价过高，无法大量列装。于是，射程远、威力大、精度高的反器材狙击步枪成为步兵攻击轻型装甲目标的首选利器。

不再是对付坦克，而是以轻型装甲为目标

由于二战中坦克装甲开始得到长足的发展，装甲防御能力不断加强，不再会被轻易击穿，反坦克步枪曾一度消失

↓

但是，它的射程及威力不容忽视

↓

反器材步枪的诞生

反器材步枪根据枪机种类的不同可以分为两种：一种是与普通狙击步枪相同的手动式枪机，另一种是能够快速连发的半自动式枪机

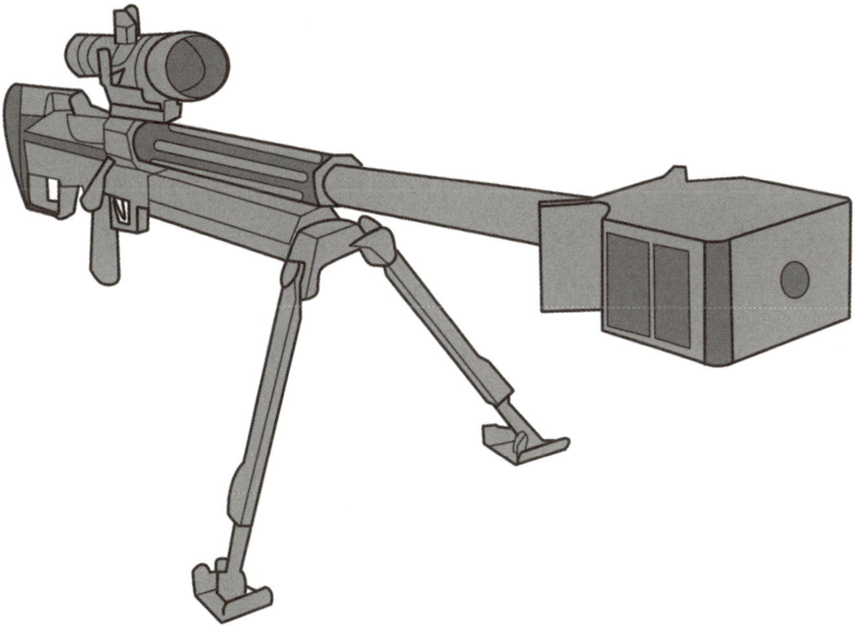

反器材步枪的目标
● 轻型装甲车辆
● 停落的飞机、燃料、发电机、雷达站、指挥所等地面设施
● 其他枪械射程以外的远距离目标

No.050 反器材步枪的射程有多远

反器材步枪不仅可以凭借大威力来摧毁轻型装甲目标，还能用来射击其他枪械射程以外的目标。

1500米以上的距离还可以保持相当的威力

枪械的射程是衡量枪械威力大小的另外一个重要参数。如M16步枪，使用5.56毫米枪弹时，它的有效射程大约在550米。而使用7.62毫米枪弹的M14步枪要稍微远一些，有效射程可以达到800~1000米。

与之相比，反器材步枪的射程要远得多，大多数反器材步枪的射程都在1000~2000米。这是因为反器材步枪使用的专用枪弹尺寸比较大，能够装填大量的发射火药，火药燃烧时产生的能量也很大，可以令弹头的飞行弹道几乎近似直线。此外，为了增加反器材步枪的射程或者威力，还可以选择使用其他用途的专用穿甲弹或者燃烧弹。

既能用作超远距离狙击，又可以使用其他用途的枪弹，这是反器材步枪的一大优势。在1982年的马尔维纳斯群岛战役和1991年的海湾战争中，12.7毫米枪弹在远距离造成的恐怖杀伤力得到了验证。阿富汗战争时，来自加拿大的狙击手罗伯特·弗朗曾使用麦克米兰（McMillan）TAC-50狙击步枪准确命中过2430米以外的目标。

反器材步枪在许多国家的特种作战武器库中占据着非常重要的位置。一是因为反器材步枪比普通狙击步枪射程更远、威力更大、精度更高，不但可以用来狙击远距离目标，也可以用来执行远距离反狙击任务；二是反器材步枪能充分把握战机，就算目标乘车、船，甚至直升机逃逸，在一定距离内，它也能够做到“一击毙命”或将目标“一击致毁”。

现在，不仅是特种部队，大部分国家的军队和警察基本都已经配备了12.7毫米口径反器材步枪。

反器材步枪的射程

反器材步枪的射程至少在 1 千米以上。

各种步枪的有效射程

5.56 毫米口径 M16 突击步枪

约 550 米

7.62 毫米口径 M14 自动步枪

800~1 000 米

12.7 毫米口径 TC–50 狙击步枪

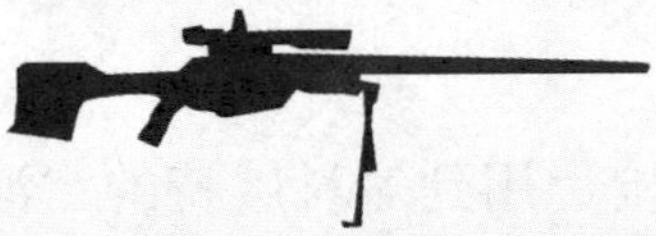

1 500~2 000 米

以上所列射程仅供参考，枪械的射程会受到枪弹类型、装填的火药以及气象环境的影响，往往会导致射程出现一定幅度的变化

No.051 反器材步枪的攻击目标主要有哪些

反器材步枪虽然起源于反坦克步枪，不过，它对付的目标却有所不同。

大口径步枪的威力极限

经过两次世界大战的洗礼，坦克不仅发展出各种不同用途的轻、重型坦克以及随之伴行的装甲运兵车辆，而且在装甲防御能力方面更是取得了长足的进步。虽然反器材步枪从威力上说要比反坦克步枪更强，但是想要对付如今的坦克，还是显得力不从心。另一方面，从二战开始，供单兵使用的便携式火箭筒等专用反坦克武器开始被广泛使用，它的威力及性能都很优秀，因此，也没有必要再继续使用大口径步枪来对付坦克这类重型装甲目标。

反器材步枪原本就不是专门针对坦克这类目标而设计的，其目标主要包括敌方的中高级战场指挥人员、轻型装甲车、油库、低飞的飞机或直升机、昂贵的军用物资、雷达设施等，还可用来引爆地雷、诡雷及未爆弹。在现代战争中，轻型装甲车是用来执行运输人员、侦查、指挥、通信等任务的重要交通工具，而能够击穿装甲车装甲的反器材步枪可以对其起到一定的威慑作用。反器材步枪还能轻易地击穿现役的所有防弹背心，对人体造成致命的伤害。

世界上最有名的反器材步枪当数美国的巴雷特系列，该系列从 20 世纪 80 年代初期开始研发，到了 1982 年，第一把样枪出现，它被命名为 M82 狙击步枪。1986 年，衍生出了著名的 M82A1 反器材狙击步枪，随后还先后改良发展出 M82A2、M95、M107 等多种型号的反器材狙击步枪。目前，除供美军使用以外，该系列反器材狙击步枪还先后出口到英国、德国、澳大利亚、印度等六十多个国家和地区。

在海湾战争中，美军将大批的 M82A1 狙击步枪运用到对科威特的“沙漠之盾”和“沙漠风暴”行动中，它不但可以攻击 1500 米以外的目标及处理爆炸物，还能有效地摧毁伊拉克的雷达站、停放的汽车及战斗机等有价值目标。

用来对付轻型装甲战车非常有效

凭借其 12.7 毫米枪弹的威力

↓

攻击

- 摧毁车辆或者雷达器材
- 破坏低飞或者降落的直升机与飞机
- 从远距离处理地雷等爆炸物

巴雷特 M82A1 狙击步枪

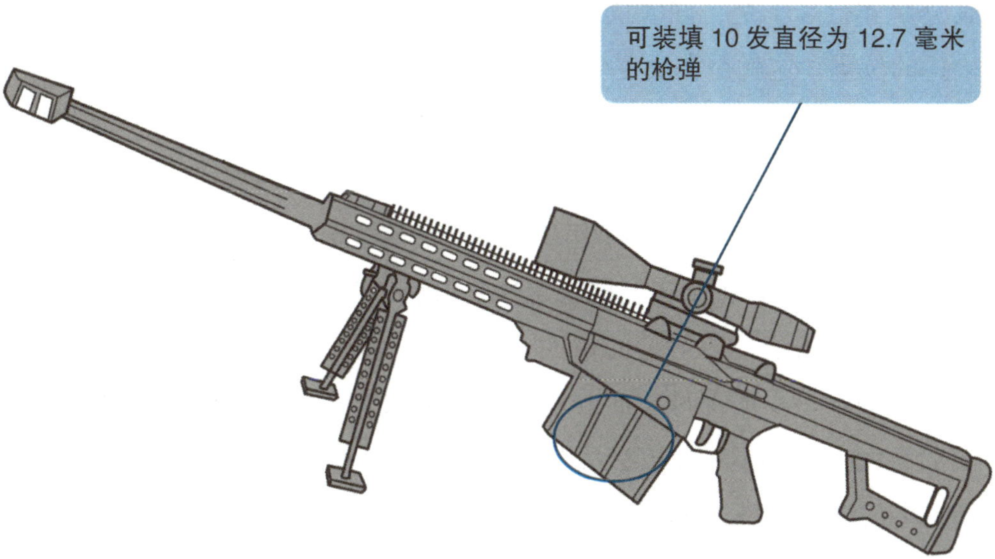

面对躲藏在采用防弹措施或者混凝土墙后面的目标，可以用狙击步枪直接贯穿

如果要对付坦克等重型装甲目标的话，使用单兵便携式火箭筒或导弹等要比反器材步枪有效得多

No.052 狙击步枪和反器材狙击步枪的区别

反器材狙击步枪的实质就是大口径的狙击步枪，其作战用途也与狙击步枪非常相似。

精确射击是二者一致的追求

狙击步枪（Sniping Rifle），通常是指准确度、射程、威力要比普通步枪更高、更远、更强的精密型步枪，口径多为7.62毫米。反器材狙击步枪从本质上说与狙击步枪并没有多大区别，只是它的口径更大，大多数反器材狙击步枪的口径为12.7毫米，还有一些口径可以达到14.9毫米。正是由于口径上的不同，狙击步枪与反器材狙击步枪之间还是存在一定的差异。

首先，这两种枪械在外形尺寸上就有着明显的区别。反器材狙击步枪属于大型枪械，从枪管到枪托的长度一般在2米左右，在搬运的时候必须要先将其分解才行。于是，许多反器材狙击步枪都会把枪机部分从枪身中央后移至枪托的位置，这就是在反器材步枪里常见的“犊牛式”设计。

其次，反器材狙击步枪在重量上要比狙击步枪大许多。由于反器材狙击步枪使用的是12.7毫米枪弹，发射时产生的后坐力会很大，其厚重的枪身或多或少地都能抵消掉一部分后坐力，可以减轻后坐力对射击精度造成的不良影响。同时，为了保证射击时的稳定性，它还必须双脚架来固定沉重的枪身。由于反器材狙击步枪对射击的精度要求很高，能够减少后坐力的大型枪口制退器是其必不可少的部件。而普通狙击步枪则更为轻巧，它在发射时的后坐力没那么大，通常不需要安装大型枪口制退器，而且在射击时射击手还可以选择更多的射击姿势，使用范围更广。

普通狙击步枪从一开始就是为了准确命中目标而设计的，因此，在射击精度方面要比反器材狙击步枪更高。但是，由于它使用的是7.62毫米枪弹，在射程上没反器材狙击步枪那么远，威力上也略显不足。不过，随着技术的发展，现代的一些反器材狙击步枪的射击精度已经能够接近或达到狙击步枪的水平。

狙击步枪与反器材狙击步枪

普通的狙击步枪

口径多为 7.62 毫米，采用手动或半自动枪机，尤其强调精确射击

反器材狙击步枪

狙击步枪的放大版，口径、长度都比狙击步枪大一号

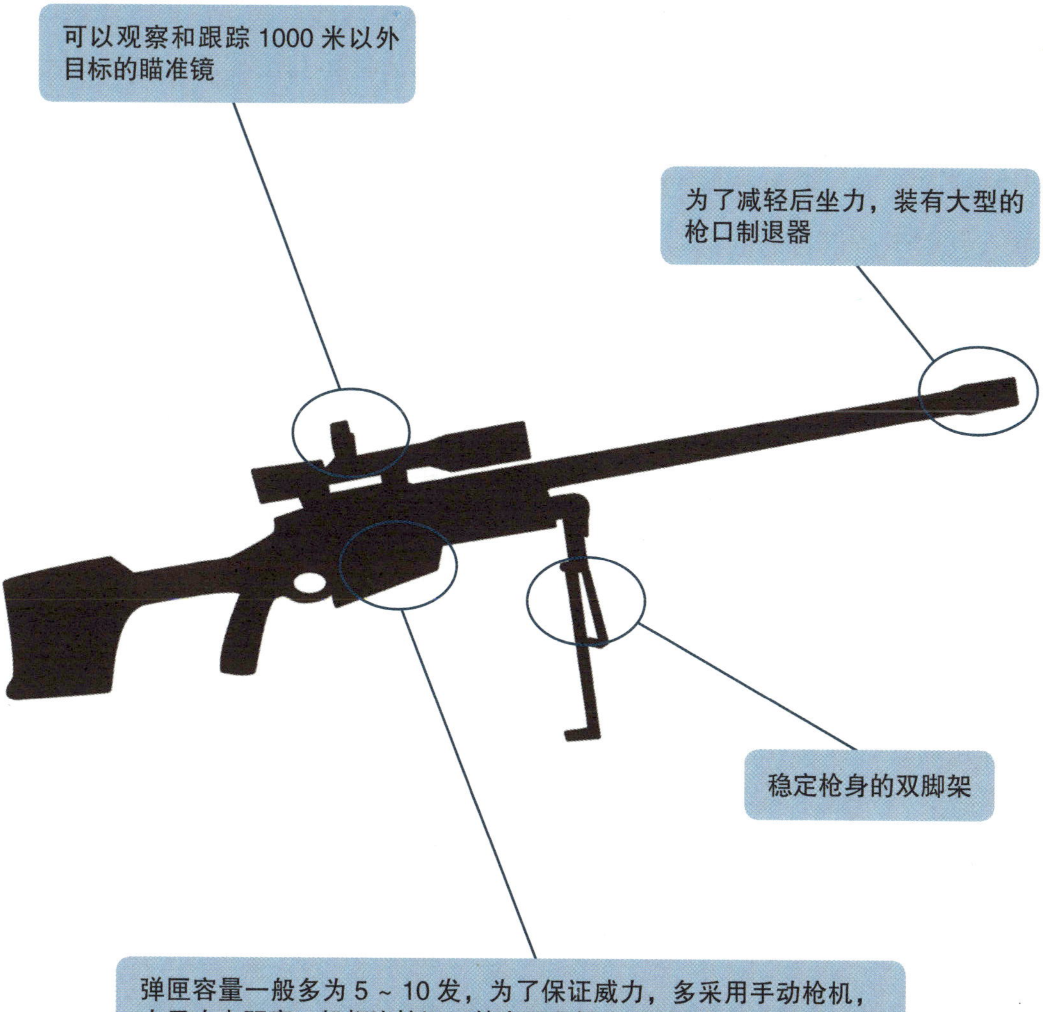

No.053 专门对付坦克的手枪

20 世纪 30 年代，德国沃尔特（Walther）公司在一种 26.6 毫米口径信号枪的枪管内刻入膛线，装填上手榴弹，制成了第一把反坦克手枪。

能够击毁坦克的手枪

二战爆发时在战场上即时信息交流的方法无非就几种：有线电话、无线电台、传令兵、信号旗以及信号弹等。德军对于情报传递工作非常重视，除了把无线电台列为坦克的标准通讯设备以外，很多士兵还会配备信号枪。

苏德战争爆发以后，德军大举进攻苏联，由于战线广阔，反坦克武器一直供不应求。为此，德军就曾大量列装了一种将信号枪与手榴弹相结合的手枪式榴弹发射器。该枪械由沃尔特公司生产的一种信号枪改装而成，它的枪管内部被嵌入了一根内径为 23 毫米，刻有五条阴膛线的枪管，这样一来，原本单一只用于通讯目的的信号枪改头换面变成了可以供战斗使用的手枪。它的枪身侧面弹舱外印有一个字母“Z”，以便于与其他普通信号枪之间的区分，因此，这种手枪也被称作“Z 型战斗手枪”。

Z 型战斗手枪起初使用的枪弹尺寸与原本信号弹的相同，由于枪弹的威力无法满足要求，于是开始使用一些更为大型的枪弹。当然，发射时随之产生的后坐力也越来越强，所以，在 Z 型战斗手枪后部加装上了折叠式枪托。另外，因为它的射速比较慢，飞行弹道呈弧形，如果要想准确地命中目标，射击手还需要经过专门的训练方能掌握技巧。为了便于射击手的使用，Z 型战斗手枪还安装了专用瞄准器，不过，由于其射击仰角只能调整至 20 度，而实际的发射仰角通常都在 40 度左右，瞄准器几乎没有任何用处。

最终，Z 型战斗手枪因为尺寸的原因并不能充分发挥出反坦克作战的威力，逐渐被一些威力更大的新型反坦克武器所取代。

从信号枪到反坦克武器

信号枪（Singal Pistol）

发射信号弹所用的手枪

Z型战斗手枪

对坦克使用的小型手持榴弹发射器

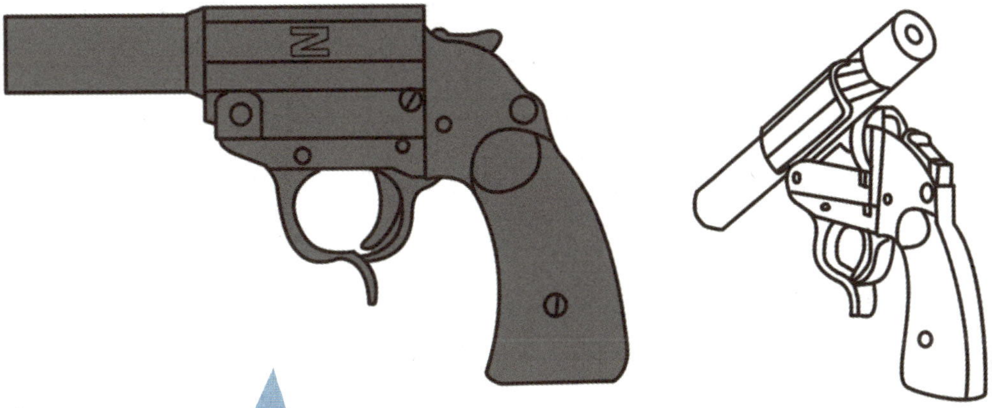

枪管内刻有膛线，为了和信号枪区别，左侧刻有字母“Z”

只能装填1发榴弹

反坦克枪

装有瞄准器和折叠式枪托的战斗手枪

可以从枪口直接插入大型榴弹

No.054 为什么近战时双方多会选择霰弹枪

在近距离作战中，霰弹枪是一种杀伤范围较广的中型枪械。它的用途十分广泛，可以用于狩猎、军用、警用等不同领域。

无需瞄准就能开枪，依靠大量弹丸重创目标

霰弹枪（Shotgun），以前也被称为猎枪或滑膛枪，指的是枪膛内部无膛线（滑膛）、以发射霰弹为主的一类枪械。它的外型、大小与半自动步枪相似，不过，霰弹枪的枪管要明显粗大一些。霰弹枪最初所使用的枪弹为民用的狩猎霰弹，射击时几十到上百颗的小弹丸会直接从枪口喷出，在一定距离内可以将目标完全覆盖。霰弹枪使用的霰弹里面装填的小弹丸通常是用铅或铁金属制成，又小，又轻，而且，小弹丸呈圆球形，飞行时受到的空气阻力比较大，射程不会太远。由于大量的金属小弹丸在近距离内散布的范围比较广，因此，在近距离内对目标的杀伤力会很强。

步枪与手枪每扣动一次扳机只能射出一发弹头，而霰弹枪则能同时喷射出大量的小弹丸，近距离内它的命中率相当高。尤其是对付在近距离内一直快速移动的目标，射手想要用手枪或步枪对目标进行精确瞄准相当困难，再加上时机往往都是发生电光火石的一瞬间，射手很容易因为心理紧张而发挥失常，丧失捕获目标的最佳时机。这时候，如果是使用霰弹枪的话，只要朝着目标的方向扣下扳机，扩散出去的小弹丸就会有非常高的几率命中目标。

也就是说，如果手枪、步枪对目标的伤害程度是一个“点”的话，霰弹枪则是对目标实施一定范围的“面”打击。此外，霰弹枪可以根据目标的不同选择使用其他类型的霰弹。霰弹的弹壳很大，里面不但可以容纳大量的小弹丸，还可以随意装填各种不同用途的专用枪弹。通常，霰弹枪使用最多的是非致命型枪弹，如鸟弹、木棍弹、豆袋弹、催泪弹、盐弹、塑胶枪弹等。

霰弹枪在近距离作战中的优势

在近距离作战时，一旦目标快速移动就很难瞄准

霰弹枪无需瞄准目标就能射击

霰弹内的弹丸颗粒越大，威力也就越强

在丛林、战壕或建筑物内近距离作战时，非常适合选用霰弹枪

霰弹枪的特点

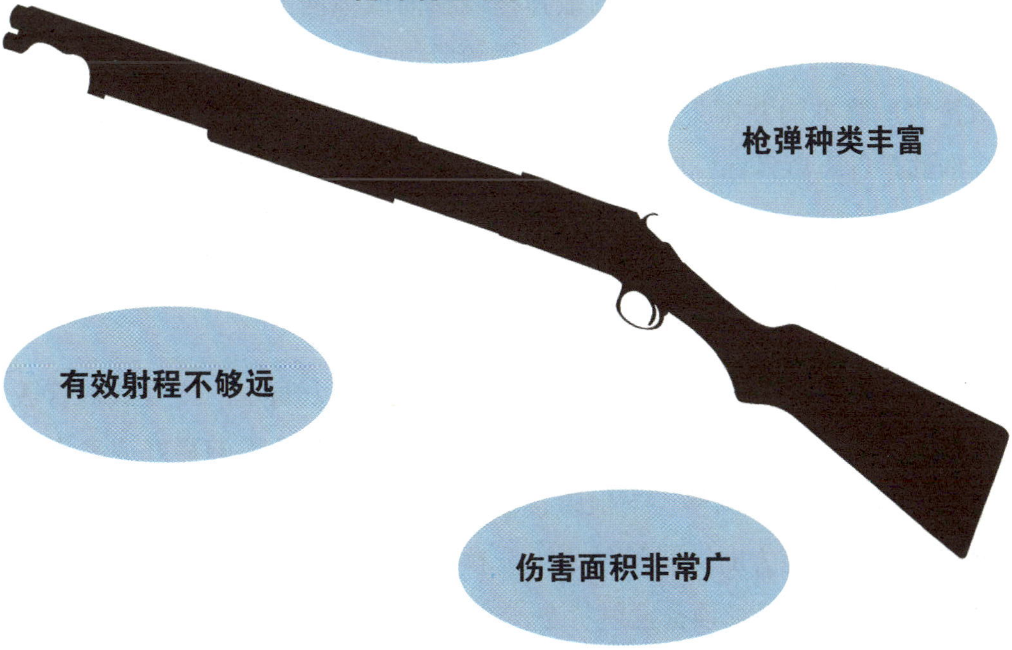

- 枪弹容量较少
- 枪弹种类丰富
- 有效射程不够远
- 伤害面积非常广

被霰弹命中的部位可以说是惨不忍睹，一般被形容为“呈马蜂窝状”，它对目标造成的伤害非常严重，处理伤口的难度也要大很多

No.055 双管霰弹枪弹容量是几发

枪管为左右或上下两根平行排列的霰弹枪称为“双管霰弹枪”，左右排列的叫“水平双管霰弹枪”，上下排列的为“立式双管霰弹枪”。

能够连续发射两发霰弹

双管霰弹枪又称为双管猎枪，是一种有着两根枪管的霰弹枪，枪管通常呈水平或上下排列。它一般采用中折式装填枪弹的设计，每次只能装填两发霰弹。

枪管呈水平排列是双管霰弹枪最为常见的方式，此结构非常简单且耐用，多为民用狩猎专用枪。

立式双管霰弹枪的构造更为坚固，这样也导致了它的枪身比较厚重。它在装填枪弹的时候，枪身折开的角度要比水平双管霰弹枪的更大，所以并不适用于民间狩猎，通常被用于射击竞技比赛中。

双管霰弹枪是通过将单发的霰弹枪以横向或纵向的方式连接在一起，因此装有两个扳机，分别控制其中的一根枪管。射击的时候，其左右或者上下两根枪管所瞄准的并不是同一距离的目标，比如，水平双管霰弹枪的左边枪管瞄准的是近距离目标，而右边枪管瞄准的则是远距离目标。

现在，许多双管霰弹枪为了方便使用，将原本的两个扳机简化为一个扳机。在这种情况下，第一次扣动扳机时发射的是右侧枪管或下方枪管中的枪弹，第二次扣动扳机则会发射另一根枪管的枪弹。

还有一些双管霰弹枪加入了可调式保险按钮，以勃朗宁 27 立式双管霰弹枪为例，保险按钮装在机匣衔铁的上部，它可以根据个人的喜好或者不同的情况对发射顺序进行调整。当保险按钮推到后方时，猎枪处于保险状态；当保险按钮位于左前方时，猎枪处于上管预备发射状态；当保险按钮位于右前方时，猎枪则处于下管预备发射状态。

为了增加弹容量而研制

双管霰弹枪是将两根单发霰弹枪管排列并整合起来，因此，其弹容量为两发

水平排列的双管结构

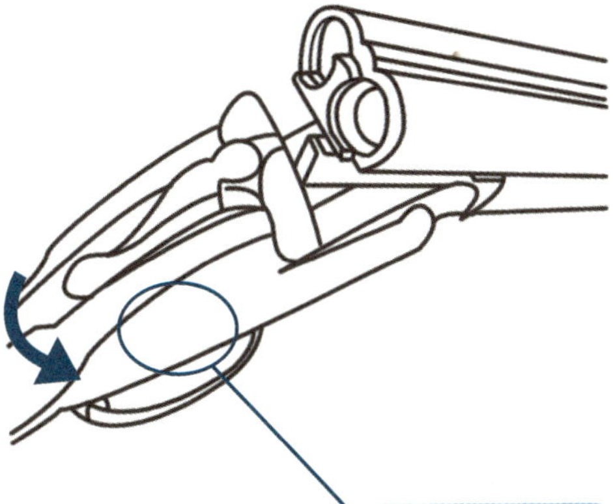

将把手向右扳，就可以把枪管折开

上下排列的双管结构

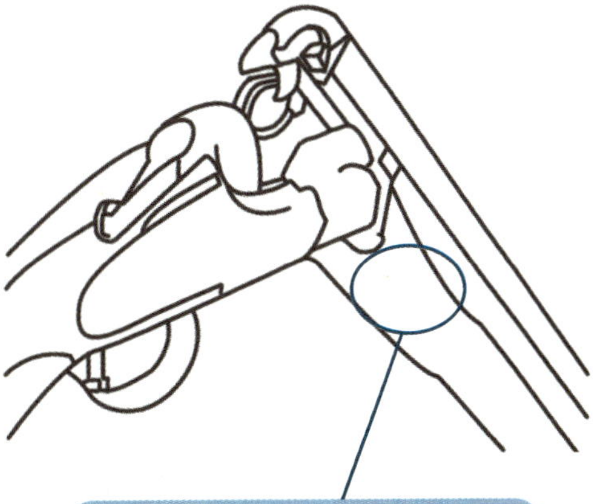

枪身折起的角度要比水平双管大。

早期双管霰弹枪多为双扳机

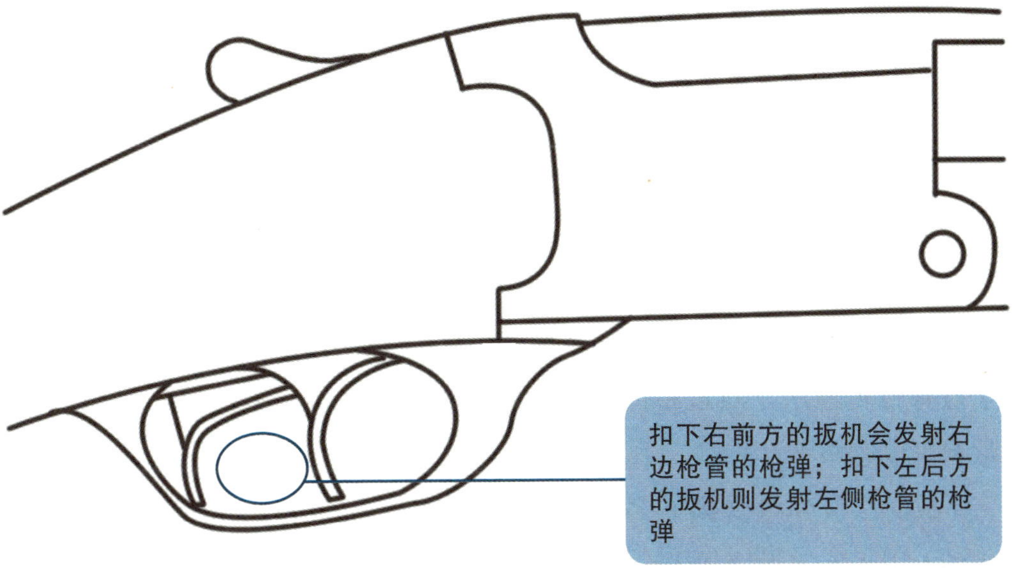

扣下右前方的扳机会发射右边枪管的枪弹；扣下左后方的扳机则发射左侧枪管的枪弹

No.056 霰弹枪的“快速连发”指的是什么

快速连发是指使用泵动式枪机设计的霰弹枪射击时所采用的一种快速连续射击的方法。

霰弹枪如何进行快速连续射击

半自动或全自动枪械是利用首发枪弹发射后产生的后坐力及发射气体产生的压力来驱动枪机自动完成装填并连续射击的，而霰弹枪的连续发射原理与之完全不同。快速连发是用霰弹枪连续发射枪弹的一种进阶性射击技巧，也就是泵动式霰弹枪以快速装填的方式进行手动连续射击的技巧。

泵动式霰弹枪的枪管下方装有一个称为前护木（Forend）的部件，来回移动护木，就可以快速地排出弹壳并完成装填动作，因此，泵动式枪机也称为滑动式枪机。也就是说，泵动式霰弹枪在射击中就是不断重复地“前护木后拉→前推→扣动扳机”的循环过程。

泵动式枪机是以手动的方式完成枪弹的装填并排出弹壳，与利用发射气体产生的压力和后坐力运行的自动式枪机相比，性能更加稳定。目前，这种泵动式枪机主要应用在霰弹枪中，这是由于霰弹枪可选用的枪弹五花八门、品种繁多，采用手动的方式能够减少由于使用不同的枪弹卡壳引起的枪械故障。由于是手动操作这个过程，霰弹枪连射的速度始终比较有限。快速连发这种射击方式能够相应地提高射击的速度，其具体操作方法是：拉动霰弹枪前护木的时候仍然扣着扳机不放。这样，只要前护木完成排弹装填的动作后还会继续发射，缩短连续发射的时间。

在进行快速连射的同时，由于握着前护木的手必须一直不断地前后推拉，枪身因此会产生比较大的晃动，霰弹枪命中目标的精度自然会受到影响。不过，由于霰弹枪更适用于对近距离目标的射击，因此无需精确瞄准，对命中目标的影响可以忽略不计。

一战时，霰弹枪受到许多军官士兵的青睐，甚至将它作为随身武器带到了战场上用于阵地战壕战中，霰弹枪就曾有过“战壕枪”的称号。

通过连续手动操作前护木进行快速连发

快速连发是使用泵动式霰弹枪进行快速射击的方法

射击准备

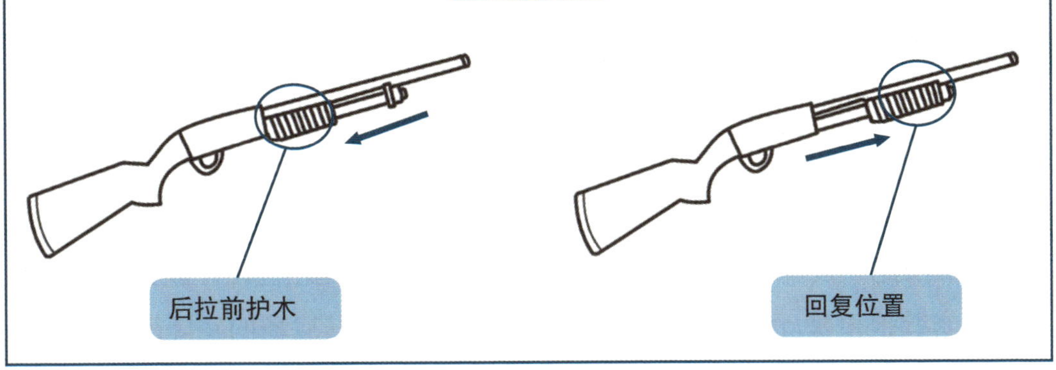

普通的射击方式

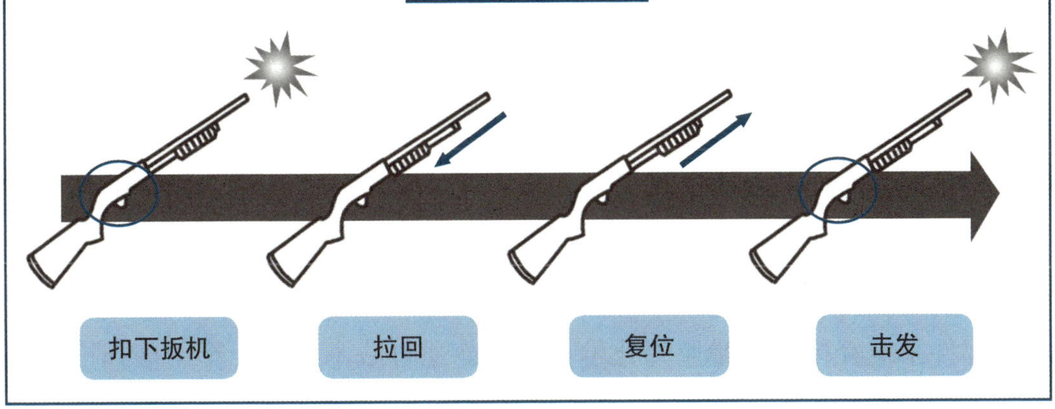

快速连发

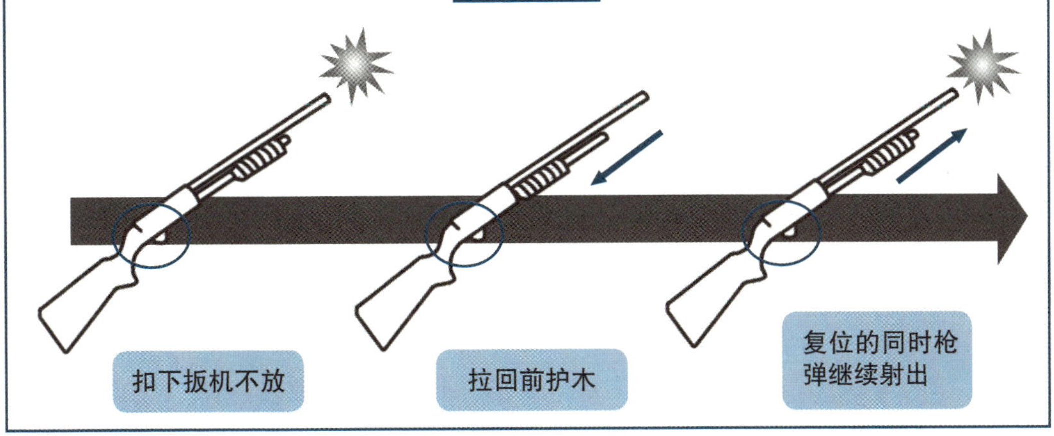

No.057 霰弹枪有什么特别的用途

霰弹枪从一战开始就已被投入到战场上使用。它坚固易用，火力强大，能够将目标一击毙命，同时，价格也很便宜。

极具通用性的近距离大威力枪械

一站时，霰弹枪曾是战场上深受士兵喜爱的近战利器，但是，随着战场环境和形式的发展变化，更加实用的冲锋枪和突击步枪陆续登场，霰弹枪曾经的地位被逐渐取代。

话虽如此，霰弹枪却并没有彻底从战场上消失。这是因为霰弹枪在某些方面具有其他枪械无法替代的作用。霰弹枪可以根据战场的实际环境灵活地选择致命或非致命性霰弹枪弹。尤其是霰弹本身，因为它的外形尺寸比较大，可以将其方便地改装成其他特殊弹药，如能够穿透防弹背心的飞镖弹、镇压暴徒使用的催泪弹以及专门破坏门锁的霰弹等。

早期的防暴枪与战壕枪这两类霰弹枪都是来源于民用的霰弹枪。与民用霰弹枪不同，它们就是为了提升军用霰弹枪（又称战斗用霰弹枪）的整体作战性能而研发的。现代的军用霰弹枪不但拥有民用霰弹枪的各项优点，能够使用各种不同用途的枪弹来应对战场的需要，而且，它还使用了大量的工程塑料部件来减轻枪械重量及强化枪身结构。通过战术滑轨，军用霰弹枪还可以加装刺刀或手电筒等其他附加部件供其在特殊场合中使用。为了方便携带，许多现代的军用霰弹枪还采用了“折叠式枪托”的设计。

此外，随着枪弹质量的提升与枪机技术的进步，一些现代军用霰弹枪开始采用半自动枪机设计。为了避免半自动枪机在紧要关头出现故障，这类霰弹枪通常同时还具有选择射击模式的功能，必要时也可以采用手动操作。甚至连困扰霰弹枪的弹容量偏少的问题，都已经通过采用弹匣供弹的方式解决。

专门用于杀戮战场的军用霰弹枪

“完美型”现代军用霰弹枪	
让射手更轻松地快速连发	采用自动式枪机
避免枪弹卡壳等枪械故障	同时采用泵动式枪机
拥有一定的枪弹容量	使用弹匣供弹

SPAS 15 霰弹枪

能够满足以上三个条件的意大利制霰弹枪

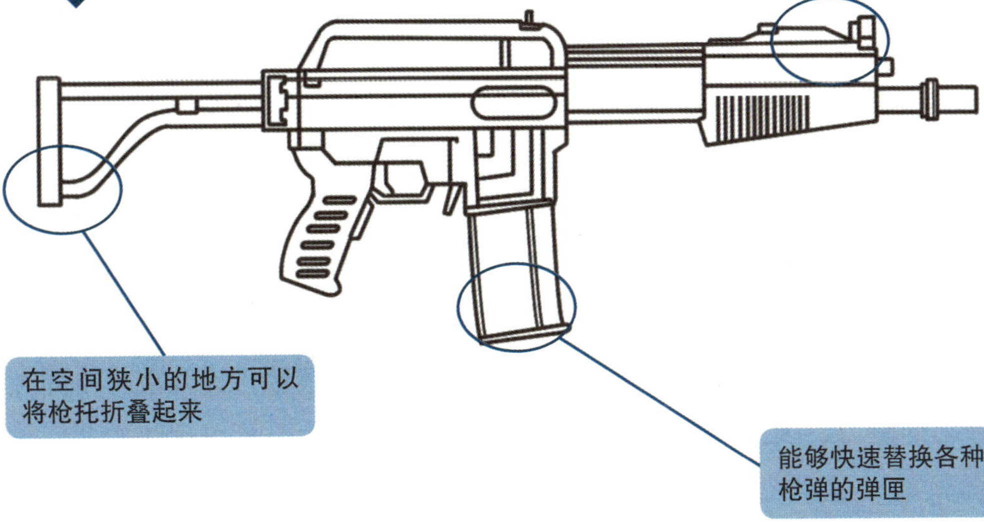

No.058 霰弹枪也能使用弹鼓供弹吗

霰弹枪与其他枪械相比，其最大的优点就在于能够使用各种不同用途的枪弹来应对各种状况，但是，枪弹容量小则是它致命的缺点。

有效地增加霰弹枪枪弹容量的方法

霰弹枪所使用的枪弹与其他枪械不同，霰弹在外形上要比手枪或步枪所用的枪弹明显大一截。此外，霰弹并不像其他枪弹那样发射的是单一弹头，在它的内部装填了数十颗甚至上百颗圆形小弹丸。为了确保发射的威力，霰弹内装填的火药也要比其他类型的枪弹多，因此，霰弹的外形尺寸自然会更大。

由于使用的枪弹比较大，霰弹枪的枪弹容量通常要比其他的枪械少。传统普通的霰弹枪一般使用管型弹匣，而现代的一些霰弹枪开始使用与突击步枪一样的盒型弹匣，它们通常只能装填 6 发霰弹，就算是使用加长弹匣，也只能再多装填 3 发左右。

为了解决枪弹容量小的问题，一些采用弹鼓供弹设计的霰弹枪开始出现。其中，“斯特瑞克”（Stryker）12 霰弹枪就是这类霰弹枪的典型代表。该霰弹枪能够装填 12 发 12 号霰弹，它与其他霰弹枪最大的区别就在于供弹容器不同，普通霰弹枪使用的是呈长管状的管型弹匣，而斯特瑞克 12 霰弹枪则采用的是圆柱形的弹鼓。这种弹鼓与冲锋枪所使用的不太一样，其原理更接近于转轮手枪使用的转轮供弹方式，因此也有人称之为旋转式弹匣（Revolving Magazine）。使用弹鼓进行供弹虽然能够增加霰弹枪的枪弹容量，但是，与普通的管型弹匣相比，还是存在一些缺点。比如，当枪弹用光以后它更换枪弹的步骤要复杂一些，而普通的管型弹匣只需要直接从装填口压入枪弹即可完成装填。

不过，采用弹鼓设计本身就是为了加强射击的连续性，提升霰弹枪弹丸形成弹幕的能力，因此，即使是牺牲一些通用的性能也是可以理解的。

利用弹鼓供弹的霰弹枪

利用弹鼓供弹的霰弹枪更重视射击时产生的弹幕密度

虽然在枪弹用光以后装填比较麻烦，不过这样并不重要

斯特瑞克 12 霰弹枪 外号“清道夫”

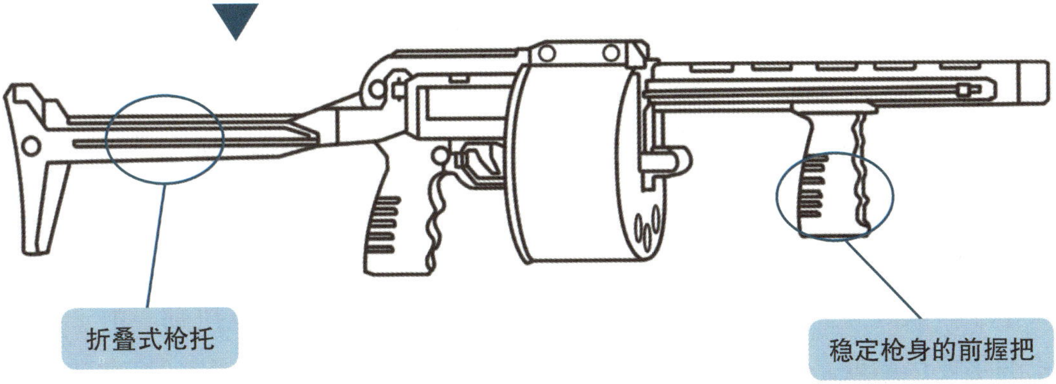

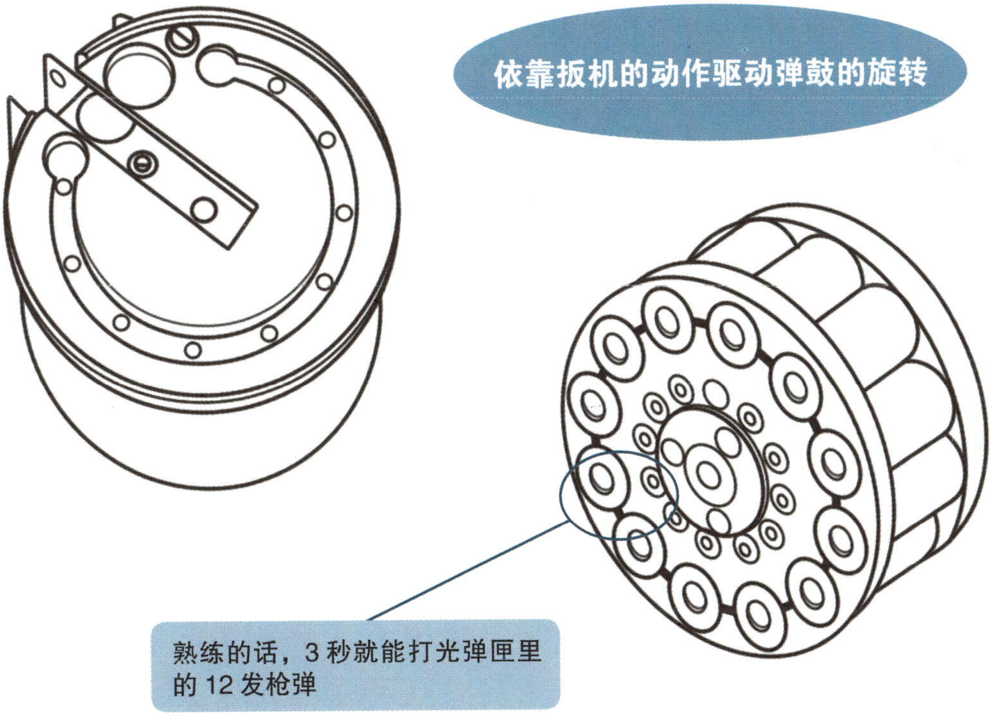

No.059 防暴枪与战壕枪

霰弹枪中最为常见的两种类型就是用来镇压暴动的防暴枪和在战壕中使用的战壕枪。

各有不同的用途

防暴枪和战壕枪在本质上没有区别，都属于霰弹枪这一类近战型枪械。

防暴枪（Riot-Gun）最初被用在马车或火车上，当时是用于防止盗匪抢掠的个人防卫型枪械，大多采用水平双枪管设计，后来改进为弹容量更多的泵动式装填设计。

建国初期的美国由于地域和种族问题，社会治安环境比较混乱，不只在城市中，就连中部和南部的开阔地带，都需要执法人员持枪执勤。由于防暴枪的主要用途就是进行威吓或封锁道路，因而成为治安巡逻车辆的标准装备。正常情况下，防暴枪都是放置在马车的车厢内保管，所以，它的长度要比狩猎用的同型霰弹枪短一些。这样，虽然会造成防暴枪射程短、穿透力弱的特点，但是，这一特性倒是很适合执法人员用于威慑并驱散人群。

战壕枪（Trench-Gun）正如其名，是用于在战壕中作战的霰弹枪。为了方便在狭窄的战壕中使用，战壕枪与防暴枪一样，它们的枪管都比较短。

一战的时候，有许多军官和士兵都把民用霰弹枪带到战场上使用，并取得了一定的战果。随后，开始出现专门用于战壕作战的军用“战壕枪”。到了二战时，美军在太平洋战场的丛林岛屿争夺战中就曾使用过霰弹枪，在视野狭窄的热带雨林中，拥有大面积杀伤力的霰弹枪是相当实用的近战武器。

防暴枪和战壕枪还有一个共同的特点，就是为了减少枪机故障的概率，大多都采用手动装填的泵动式枪机。特别是主要用来镇压暴动的防暴枪，由于它基本上使用的都是非致命性枪弹，泵动式枪机设计会令防暴枪在更换催泪弹等其他枪弹时更加简便。

防暴枪与战壕枪

防暴枪 = 用于镇压暴动的霰弹枪

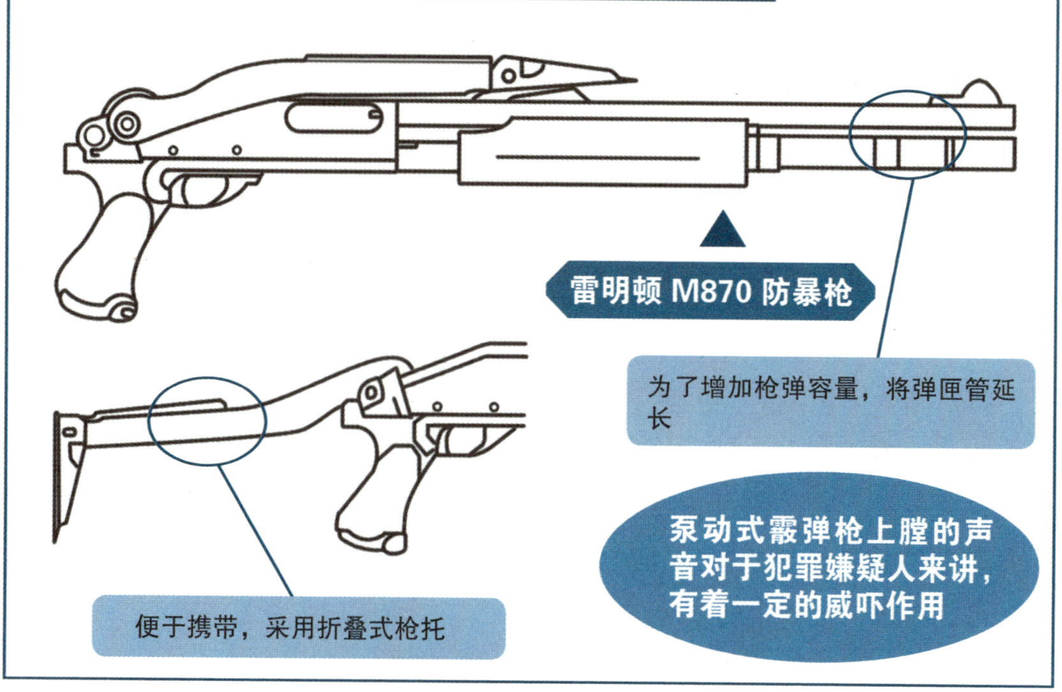

战壕枪 = 在战壕中使用的霰弹枪

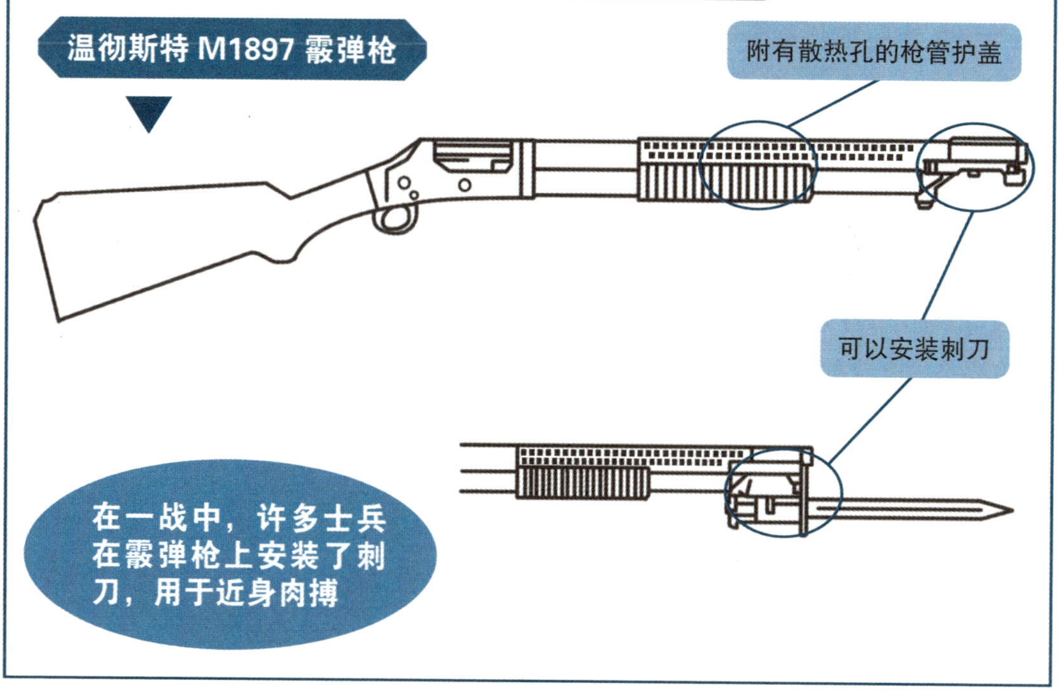

No.060 手枪能发射霰弹吗

大多数霰弹的尺寸都较大，需要专门的霰弹枪才能发射。不过，也有专门的缩小版霰弹可以供手枪使用。

手枪也可以发射霰弹

霰弹枪与手枪都是主要用于近距离交锋的枪械，因此，有人尝试把这两种枪械结合起来，用霰弹来增强手枪近距离的威力，于是，就出现了专门供手枪使用的缩小版霰弹。

这种能够供手枪使用的霰弹称为蛇弹（Snake Shot），尺寸上要比正常霰弹小很多，威力自然无法与之相比。蛇弹最初是在沙漠中对付像响尾蛇这一类致命毒蛇的。由于霰弹内部结构的问题，这种缩小版霰弹在发射时不能产生足够驱使自动手枪枪机动作的燃烧气体，自动手枪也就无法连发，因此，这种枪弹基本上都是供转轮手枪使用。

单纯的霰弹改造并不能满足人们对大威力手枪的追求，于是，研发一种能够使用普通霰弹的手枪就被人们提上日程，被称为“雷鸣 ”（Thunder）5转轮手枪就是按照这个理念研发的。即使是这种枪械，依然不能通用所有尺寸的霰弹，如像12号霰弹（口径为18毫米）这种比较常见的霰弹，它只能够使用口径稍小一点的410号霰弹（口径为10.4毫米）。相对而言，410号霰弹的尺寸较小，威力也相对较弱，但它的威力还是要比蛇弹强大，可以供女性或者刚入门的新手使用。

如果用刻有膛线的枪械来发射霰弹，需要注意的是枪弹会对枪管带来一定的损伤。传统的铅制霰弹其本身的硬度比较软，不会给膛线造成太大的磨损，但是近年来，国外开始逐渐流行使用较硬的铁制霰弹，枪管磨损这个问题必定会引起设计人员的重视。

手枪用的霰弹与发射霰弹的手枪

霰弹与手枪枪弹相比，能量损失比较大

配合手枪尺寸的霰弹威力很弱

手枪用的霰弹——“蛇弹”

塑料壳里装有霰弹弹丸

威力弱，只能用来对付一些小型动物

雷鸣 5 转轮手枪

可以发射 410 号霰弹

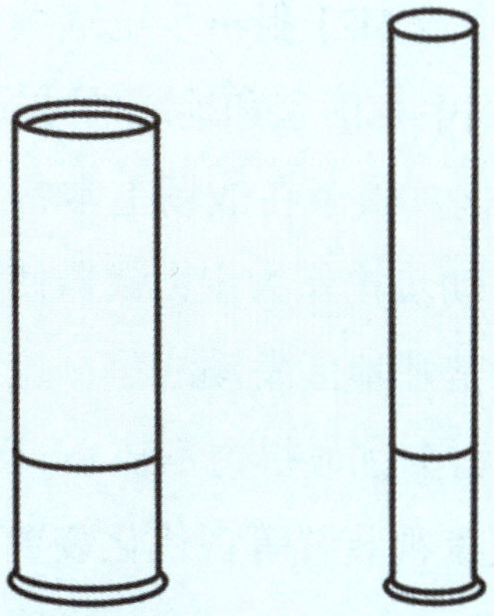

常见的 12 号霰弹

410 号霰弹

专门用来发射霰弹的手枪，枪管中刻有膛线，不过构造比较简单

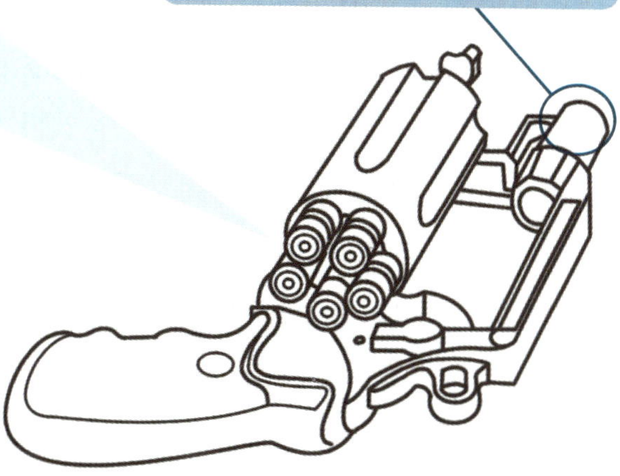

No.061 为什么老兵更钟爱老式枪械

虽然 M14 自动步枪在越南战争中表现不佳，被后继者 M16 所替代，但是在美军的一些特种部队或老兵中，依然不乏拥趸。

现代战争中仍有用武之地的 M14 自动步枪

1957 年，M14 自动步枪被美军正式列装为单兵制式武器，虽然其性能十分优越，可惜生不逢时。20 世纪 60 年代，美军开始介入越南战争，在东南亚丛林作战中，M14 自动步枪显得过于笨重，单兵携带枪弹量也比较有限，而且，由于枪弹的威力过大，士兵在全自动射击时难以控制精度，M14 自动步枪射程较远的优点在丛林战中也无用武之地，因此，它很快就被新式的 M16 小口径突击步枪所取代。

M14 自动步枪刚装备美军不久就被 M16 突击步枪所取代，这常常被人认为是美式步枪的耻辱。不过，就实际情况而言，M14 自动步枪只是在越南战争的实际环境中水土不服，而并非是性能不达标的缘故。对于一些特种部队队员或老兵而言，使用 7.62 毫米步枪弹的 M14 自动步枪拥有的强大威力深得他们的喜爱。

自美军正式列装 M16 突击步枪以后，大多数退役的 M14 自动步枪都被出口到其他国家，其中一部分 M14 自动步枪还被改造成 M21 狙击步枪继续供美国陆军使用。随着美军在 20 世纪 80 年代逐渐介入到中东国家和地区的冲突中，美军的战场环境与作战方式随之发生了极大的变化。由于在战场上常常发生远距离交火的情况，有一些士兵又重新选择 M14 自动步枪作为主力武器使用。

“9 · 11 事件”以后，美军先后在伊拉克与阿富汗地区发动战争，这些地区多为沙漠或丘陵，M16 系列突击步枪在射程和威力上都显得力不从心。随后，美军将原来安装在 M4 突击步枪上的红外线瞄准及夜视装置等现代化装置改装到 M14 自动步枪所改良的“M14 特种作战改进型”（M14 Sopmod）步枪上继续使用。

M14 自动步枪的装备历史

越南战争中开始列装

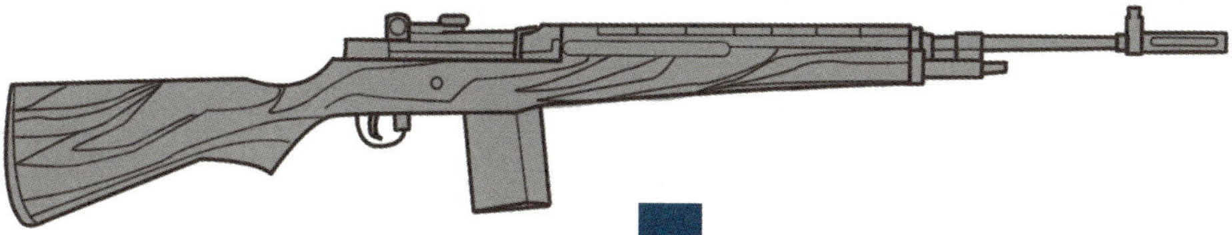

更由换工程塑料制成的枪托，枪身更轻巧

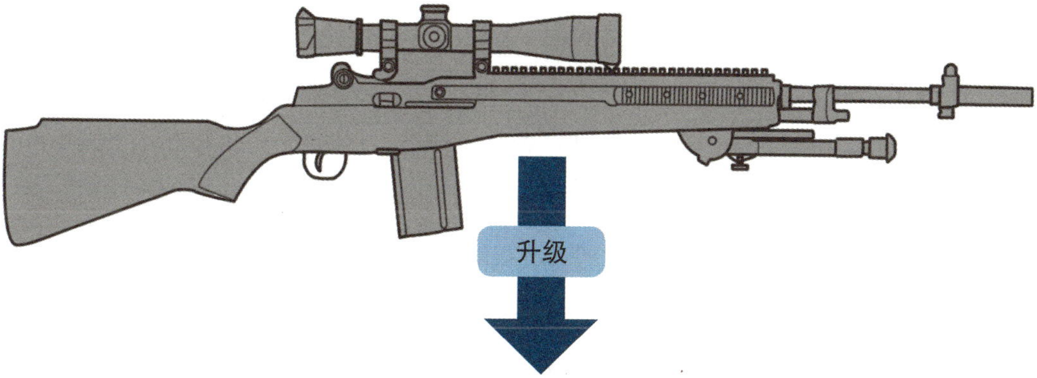

升级

M14 特种作战改进型步枪

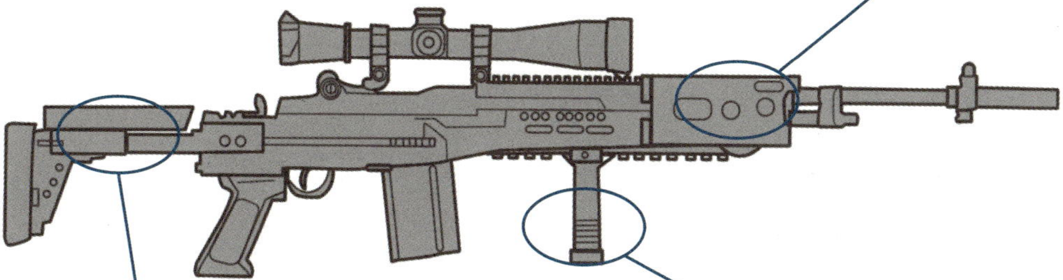

No.062 Weatherby步枪是威力最强的步枪吗

Weatherby 非某一种特定的枪械名称，而是美国一家专门制造和使用麦格农弹的大威力步枪的公司名称，马克 V 型步枪就是由他们制造的。

使用麦格农弹的大威力步枪

美国韦斯比公司（Weatherby 公司，世界著名枪械生产厂商之一）所生产的步枪基本都配用麦格农大威力枪弹，因此，与其他厂商生产的相同口径步枪相比，它的威力要更强大。韦斯比公司生产的马克(Mark)V 型步枪所使用.460 韦斯比－麦格农弹（.460 Weatherby –Magnum）所蕴含的动能是北约制式 7.62 毫米步枪弹的 3~4 倍。

为了保证步枪能够承受枪弹的巨大威力，步枪的枪机等部位必须十分坚固。韦斯比步枪的枪栓与普通的手动步枪不同，从结构来看，韦斯比步枪的闭锁卡铁（Locking Lug）设计独树一帜。通常，一般的手动步枪在装弹的时候需要将枪栓旋转 90 度，然后前后推送完成装填；而韦斯比步枪只需要旋转 54 度就能完成，也就是可以用比较小的动作来完成整个枪弹的装填步骤。

为了保证威力足够强大，麦格农弹的外壳要必须能承受极大的压力，因此，在它的弹壳底部设有带状突起位于退弹沟的前缘，环绕在弹壳底部的外壁上还专门设计了比较结实的弹壳间隙承受面。从外观看，就好像是在弹壳上勒着一条皮带，因此被称为带式弹壳（Belted Case）。

大多数步枪弹的弹头都是比较尖锐、狭长的，而韦斯比步枪弹的弹头则采用了圆形设计。另外，弹壳与弹头连接处的角度比其他枪弹更大一些，这也是韦斯比－麦格农弹的一个重要外形特征。

韦斯比步枪的枪托一般都会采用蒙地卡罗式枪托（Monte Carlo Stock）这种形状特殊的枪托，该枪托的贴腮部 (Cheek Piece) 向上凸出一部分，适合搭配瞄准具一起使用。

“韦斯比”步枪

美国韦斯比公司是一家生产大威力步枪的世界著名枪械制造公司，该公司专门生产价格高昂的高级麦格农步枪，以马克 V 型步枪最为出名

韦斯比－马克 V 步枪

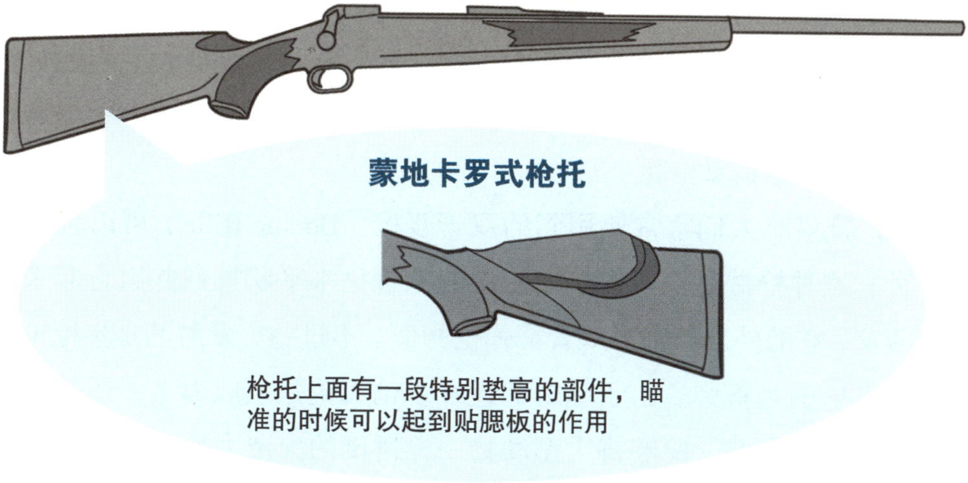

全长将近 10 厘米的“.460 韦斯比－麦格农弹”

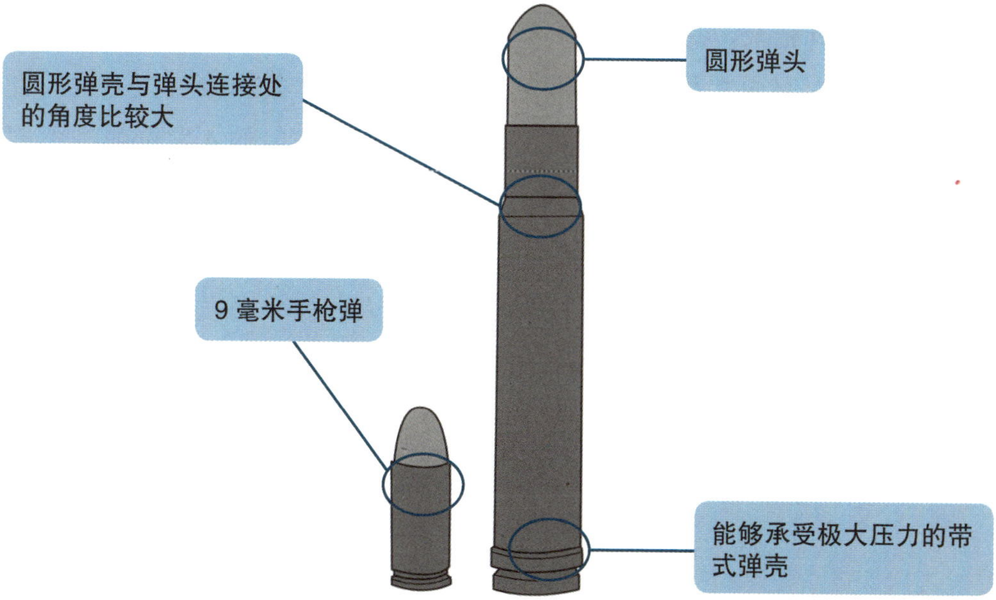

No.063 猎象枪有多大的威力

猎象枪是对一些尺寸很大的大威力枪械的统称，并非是专门用来猎杀大象的枪。

形容杀伤力巨大，甚至是可以将大象击倒的步枪

猎象枪（Elephant Gun）是人们对一些尺寸和威力都很大的枪械的统称，就像通常将大威力枪弹称为麦格农弹一样。大多数猎象枪都是专用的狩猎型步枪，从名字就能看出，这种枪甚至具备连大象都能击倒的威力。那么，怎样的枪械才能算是猎象枪呢？

以前，狩猎时人们常常使用到的双管步枪（Double Rifle）可以说是猎象枪的一种。这种枪械是把两根单发步枪的枪管呈水平状排列并组合起来，容弹量为两发。它的外形与水平双管霰弹枪相似，不过一个发射的是步枪枪弹，而另一个发射的是霰弹。由于当时的连发步枪无论是从威力上，还是从可靠性上都不稳定，因此，能够将大型动物一枪撂倒的大威力枪械仅限于这种又长又大的手动步枪。

当然，如果首轮射击不能将目标击倒，接下来要面对的可能就会是一头发狂野兽的疯狂报复，这时候枪械要是再出现故障，那简直就是直接将自己置于死地。猎人们通常都还会准备一支备用的枪械，备用枪与主力枪一样，都是双管步枪，弹容量也只有两发。如果两把步枪发射的 4 发枪弹都不能将目标击倒的话，猎人也只有听天由命了。

如果觉得不够，还是有所担心，那还有一个选择，就是选择甚少有人使用的三管式步枪。事实上，身为一个专业的猎人，如果两发枪弹（再加上备用枪的 2 发枪弹）还不能将目标击倒的话，那未免也太业余了。

在栓式步枪普及以后，猎象枪几乎消失，后来只有少数枪械爱好者才会特地定做这种枪械。

被称为“猎象枪”的大型步枪

猎象枪 = 连大象都能打倒的大威力枪械，通常主要用于捕猎大型动物

双管步枪

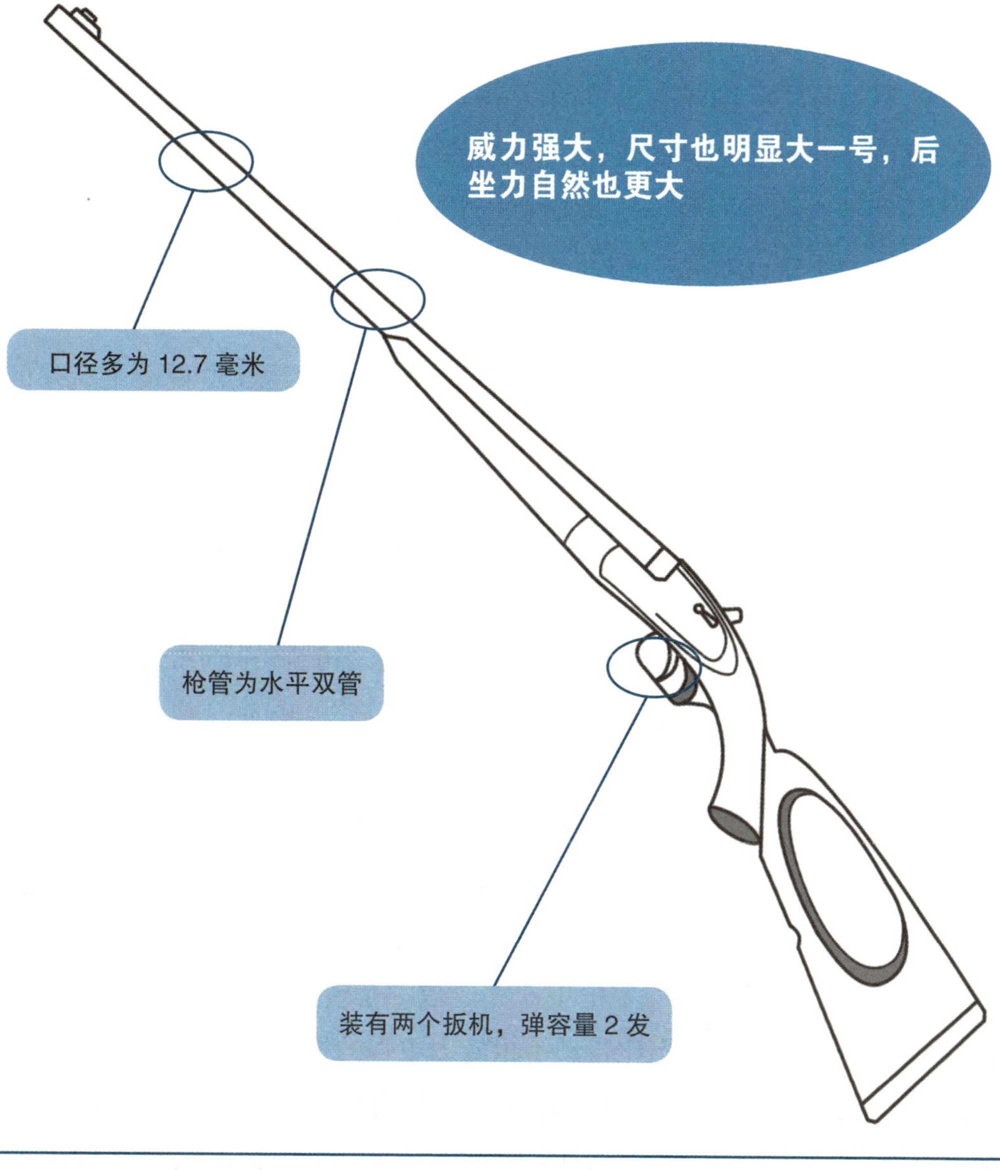

现在，在捕猎大型野兽时，使用的都是韦斯比步枪这类使用麦格农弹的大威力步枪，猎象枪已经成为少数枪械收藏者的珍藏品

No.064 现代枪械中的“手铳”是指什么

手铳在我国古代指的是一种手持火器，不过在一些现代枪械的资料中，依然会出现手铳这样的字眼，这和我国古代的手铳有什么不同吗？

特指大型大威力手枪

手铳原意是指我国元朝出现的一种火器，属于火铳的一种。大约在同一时期，欧洲也出现了同样的火器，称为手炮或者手铳，有些学者认为它们是在蒙古人西征时传过去的。15 世纪中叶出现了将长柄握把置换成挂肩托架而演变成的挂肩手铳，而到了 15 世纪末时，挂肩手铳再加上火绳扳机后演变成为火绳枪。可以说，手铳是近代火枪的前身。

那么，在现代武器中，手铳到底指的是什么呢？现在所说的手铳指的是像 M29 转轮手枪这类使用麦格农弹的大口径、大威力手枪。这类枪械与其他使用了麦格农弹的枪械一样，深受射击手们的喜爱。尤其在美国，美国人对于这类大威力枪械的钟爱，美国人几乎到了偏执的地步。

在现代手枪发展史上，有多种手枪曾被称为手铳。早期大多数称得上为手铳的手枪使用的都是 .44 麦格农弹，M29 转轮手枪就是其中的代表。不过，随着使用 .454“卡苏里 ”（Casull）弹与 .480 “鲁格”（Ruger）弹这些威力在 .44 麦格农弹之上的“蛮牛”与“超级红鹰”等手枪的出现，M29 转轮手枪逐渐成为过去。2003 年，美国史密斯威森公司（S&W）推出了使用 .500 史密斯威森 – 麦格农弹的大型 M500 转轮手枪，这种手枪号称是“当今世界上威力最大的手枪”。

在各种可以称为手铳的手枪中，大多数都是转轮手枪。因为转轮手枪的结构简单且坚固，能够使用比自动手枪威力更强的枪弹。但是，这并不意味着没有大威力自动手枪的存在，大名鼎鼎的“沙漠之鹰”自动手枪就是其中之一。“沙漠之鹰”自动手枪还拥有各种不同口径的版本，可以使用 .357 麦格农弹、.44 麦格农弹以及 .50AE 弹等各种手枪弹，射击手可以根据自己的需要来灵活选择。

手枪中的大炮

“手铳”，特指手枪中威力很大的大口径枪械

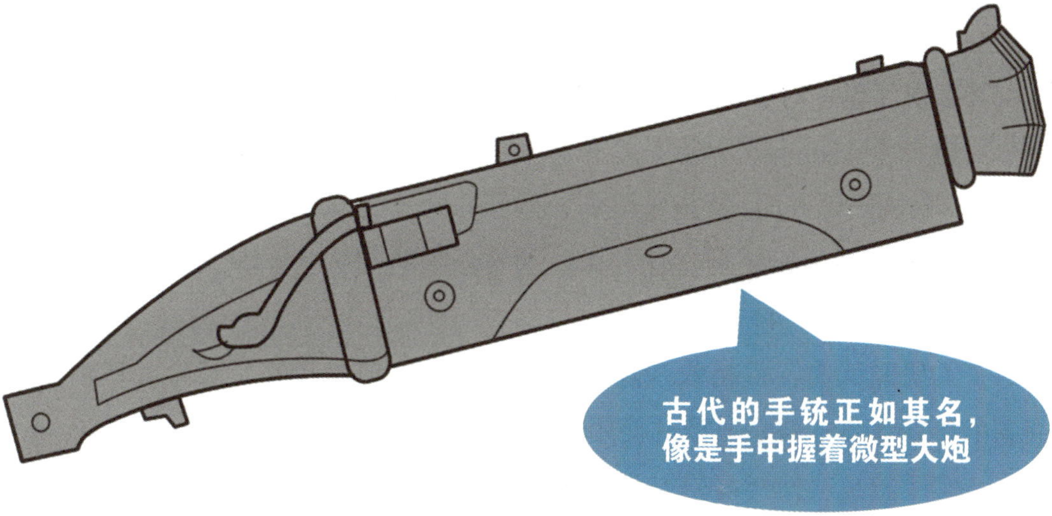

M29 转轮手枪：.44 麦格农手枪弹

↓

“蛮牛”转轮手枪：.454 卡苏里手枪弹

↓

“超级红鹰”转轮手枪：.480 鲁格手枪弹

↓

“沙漠之鹰”自动手枪：.50AE 手枪弹

↓

M500 转轮手枪：.500 史密斯威森 – 麦格农手枪弹

M500 转轮手枪已经算是大威力枪械的巅峰之作，不过，还有一些纯手工制成的枪械的威力还要更胜一筹

No.065 麦格农是什么

前文中我们常常提到一些大威力枪械使用了麦格农弹，那所谓的“麦格农”究竟是什么呢？

其实很简单，对于枪弹而言，加大发射火药容量就是“麦格农”

麦格农（Magnum）原意是指一种大号的酒瓶，它比一般酒瓶的容量多出一倍。在枪械知识方面，特指某些加长型号的枪弹及可以发射这些枪弹的枪械。这些加长型枪弹由于装药量比较大，通常威力也更大。最常见的麦格农型弹有 .357 麦格农弹和 .44 麦格农弹。

有人研究认为，麦格农弹这种大威力枪弹主要是用在步枪上，像前文中介绍的韦斯比步枪就是典型的使用麦格农弹的步枪。实际上，除了步枪之外，还有许多手枪也会使用麦格农弹，如前面提到过的 M500 转轮手枪、“沙漠之鹰”自动手枪等都是可以使用麦格农弹的手枪。

大多数手枪所使用的麦格农弹都是非常有名的 .357 麦格农弹。这种麦格农弹是把常见的 .38 口径手枪弹弹壳加长，加装发射火药而制成的。此后，逐渐发展出 .44 口径、.45 口径、.50 口径等多种规格的其他麦格农弹，麦格农弹开始成为各种加装了发射火药的强装药枪弹的泛称。

事实上，衡量麦格农弹的标准并非只是看威力是否达标，以那些发射火药与威力都比同等口径更为强大的枪弹为例，许多军火制造商在宣传中都会将这些枪弹称为麦格农弹，实际上这仅仅是一种噱头，它的本意是将麦格农弹与口径脱离，只要装填火药量比标准量多，就算是小口径枪弹，他们也会将之称为麦格农弹。

值得注意的是，一些枪械名称中包含“麦格农”，意思是指这些枪械可以用来发射麦格农弹，但绝不是指它只能发射麦格农弹。

常常被当做噱头的“麦格农”

麦格农的原意是指特大号的酒瓶，后来泛指装有大量发射火药的枪弹

英国是麦格农弹的发源地

狩猎专用步枪所使用的大威力枪弹

流传到美国以后

被用作各种大口径手枪和步枪专用枪弹的名称

麦格农弹的尺寸比普通枪弹更大，能够装填更多的发射火药

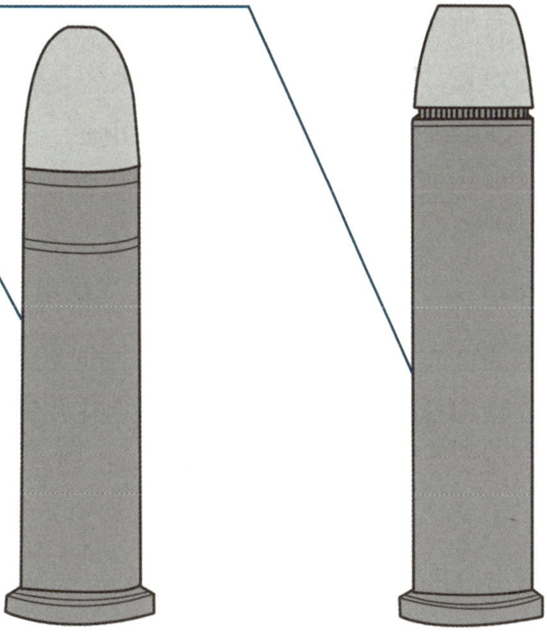

普通枪弹（.38 口径）

麦格农弹（.357 麦格农）

注意

使用麦格农手枪或步枪发射普通枪弹时，与使用普通枪械发射效果一样，它的威力并不会增强

穿甲弹、曳光弹、燃烧弹等枪弹的命名特征是在于其弹头功能上的区别，而麦格农弹强调的不是在弹头，而是指其弹壳部分更大，能够装填更多的发射火药

No.066 麦格农弹和自制强装弹有什么不同

所谓麦格农弹，是军火厂商为大威力枪械专门配备的一种加大发射火药量的大威力枪弹，在可以合法拥有枪械枪弹的国家，是允许自制的。

自制的大威力枪弹

我们在电影中常常可以看到，一些警察或杀手会根据需要自己动手装填枪弹的发射火药，制成威力比原装枪弹更大的枪弹，这种枪弹通常被称为强装药枪弹。其实，这种方式在欧美一些民间狩猎、打靶等非常盛行的国家和地区非常普遍，许多合法持枪者都会根据自己的需要亲手改造所持枪械的枪弹。

麦格农弹与普通的强装药枪弹相比，不仅发射火药的量更多，火药的类型也有所不同。这也就意味着，如果想要自制麦格农弹，只需要更换尺寸更大的弹壳，同时选择合适的发射火药，然后适量加装就可以了。

以手枪为例，由于本身枪管很短，射击时弹头会很快飞出枪管，因此会选择燃烧速度比步枪弹快的发射火药。手枪弹所用的发射火药不仅颗粒更加细小，装填的量也比较少，在弹壳中会留下相对较大的剩余容量空间，这就为使用者自行调整发射火药的份量带来了便利。在装填发射火药的时候，不仅需要注意发射火药量的多少，同时还要考虑火药的燃烧速度、所产生的压力等物理参数，装填 2 倍剂量的发射火药英文称为“Double Charge”，装填三倍剂量的发射火药英文称为“Triple Charge”。自行装填发射火药时不能仅凭着个人感觉，还必须考虑到弹壳的耐久度与发射火药的类型，同时还需使用精度较高的衡器来调整份量。

与手枪弹不同，步枪弹的弹壳中本身剩余空间有限，原厂在生产时就已经将发射火药基本填满，因此，将步枪弹改装成减轻后坐力或缩短射程的减装药枪弹要比改装成强装药枪弹容易得多。如果仍需要将步枪弹改装成强装药枪弹，就必须先加长弹壳，同时还需对步枪的枪膛进行改造。经过这样改装成功的枪弹虽然在威力上得以提升，但相应产生的后坐力也会变得更大。

自制麦格农弹

自行改装制造的强装枪弹也算麦格农弹

麦格农弹	军火厂商大批量生产的大威力枪弹
强装药枪弹	加大发射火药量的枪弹，可以自行改造

将普通的枪弹改装为强装枪弹

- 增加发射火药的份量
- 选用其他类型的发射火药

自制枪弹在美国非常普遍，需要的工具可以直接购买

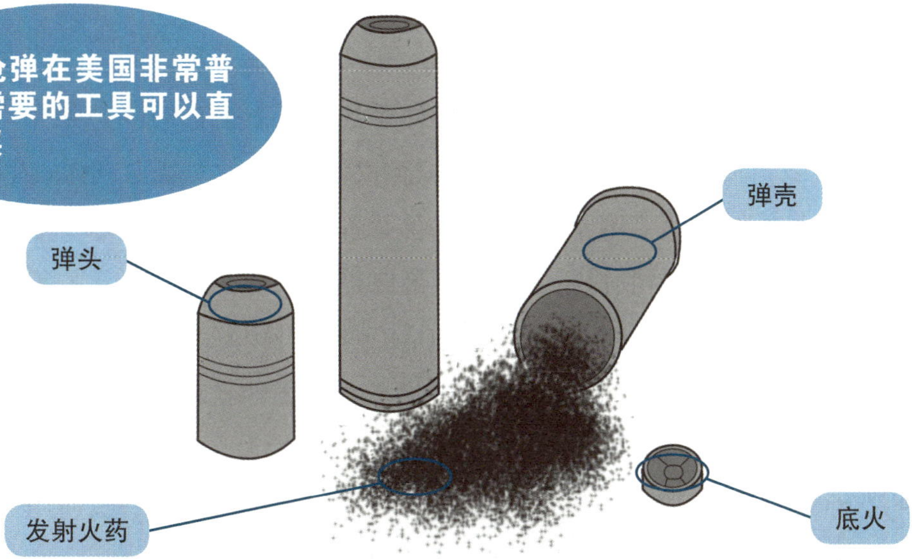

只要凑齐了制造麦格农弹的配件，就可以 DIY 出个性麦格农弹。不过，普通枪弹在改造时须特别留意枪弹弹壳的强度和枪械的强度等因素

No.067 自动手枪也能使用麦格农弹吗

起初，能够使用麦格农弹的手枪仅限于转轮手枪，这是由于当时的自动手的结构和坚固程度都无法承受麦格农弹的冲击力。

麦格农自动手枪

由于自动手枪在连续射击、快速装填等方面存在的优势，诞生以后就迅速成为世界各国军警的主力手枪之一。转轮手枪与之相比，当然也存在着自己的优势，比如，转轮手枪可以使用威力很大的麦格农弹。在相当长的一段时间内，自动手枪受枪身结构及坚固程度的限制并不能使用这种大威力枪弹。

最早能够使用麦格农弹的自动手枪是美国人哈利·桑福德于 1969 年研发的 .44 口径麦格农自动手枪（44 Automag），它曾号称是“世界上最强的自动手枪”。为了能够承受麦格农弹发射时产生的巨大冲击力，该枪枪身采用不锈钢材料，使用了类似步枪的闭锁设计。由于当时的不锈钢加工技术尚不够成熟，而且这种枪械的构造过于复杂，所以常常会发生枪弹卡壳的故障。没过多久，这种手枪就被市场淘汰了。

1985 年，经过反复实验和改良，可以使用麦格农弹的“沙漠之鹰”自动手枪正式登场。改型自动手枪的最大特点就是在于它的威力强大，能够像转轮手枪一样使用 .375 麦格农弹、.44 麦格农弹等多种大威力枪弹。在研发初期，“沙漠之鹰”自动手枪常常会因为枪机动作不良而发生故障。后来，以色列军事工业公司 IAI 对其进行了改良，最终推出了现在的“沙漠之鹰”自动手枪。到了 1991 年，使用更大口径的“.50AE 弹”的沙漠之鹰改进型开始出现，从此取代了 .44 口径麦格农自动手枪“世界上最强的自动手枪”的地位。

不过，因为“沙漠之鹰”自动手枪的尺寸过大，后坐力也很强，身材娇小的女性射击手往往很难掌控它。甚至还曾经出现过新手第一次使用“沙漠之鹰”自动手枪射击时被后坐力震断了手腕的事故。

自动手枪也能使用麦格农弹

在相当长的一段时间内，人们都认为自动手枪无法使用麦格农弹

.44 口径麦格农自动手枪

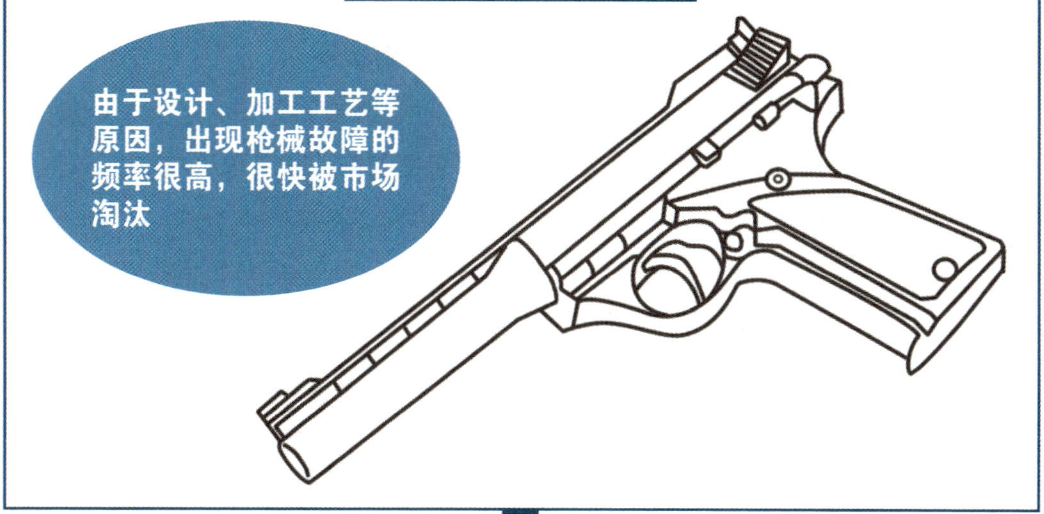

后来

“沙漠之鹰”自动手枪

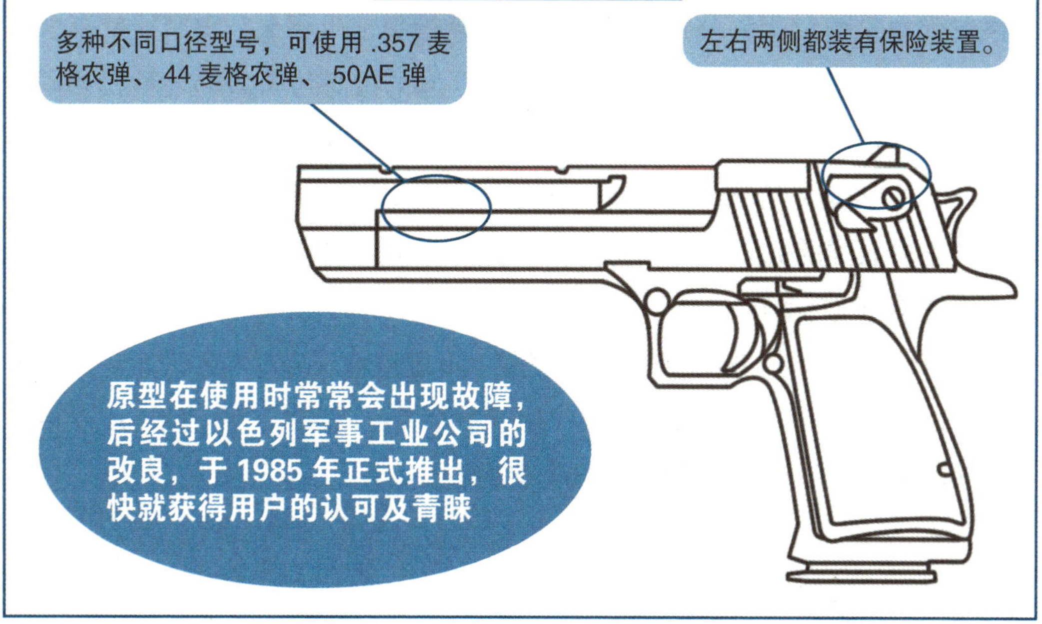

No.068 性能最平衡的麦格农弹

一提到麦格农弹，首先想到的都是 .357 麦格农弹或者 .44 麦格农弹，.41 麦格农弹通常并不为人熟知。

性能最平衡、市场反应却并不强烈的 .41 麦格农弹

史密斯威森公司与温彻斯特公司于 1935 年联合推出的 .357 麦格农弹是目前最为常见的麦格农手枪弹。.357 麦格农弹是把 .38 口径手枪弹加长，填入麦格农弹专用的发射火药而制成的。.357 麦格农弹与 .38 口径手枪弹的直径相同，因此，就实际运用而言，使用 .357 麦格农弹的转轮手枪也可以使用 .38 口径手枪弹。

为了进一步增强手枪的威力，出现了一种威力比 .357 麦格农弹更为强大的 .44 麦格农弹。这种手枪弹是由美国雷明顿公司于 1954 年研发出来的。1956 年，史密斯威森公司推出了可以使用 .44 麦格农弹的 M29 转轮手枪。这两者组合使用的威力要比其他使用 .357 麦格农弹的转轮手枪强大很多。但是，由于它的后坐力过大，并没有在美国的警察部门中广泛使用。

随后登场的是介于 .44 麦格农弹与 .357 麦格农弹之间的 .41 麦格农弹。.41 麦格农弹也是由雷明顿公司研发的。在这种枪弹推出不久，史密斯威森公司也紧接着推出了与之配套的 M57 转轮手枪，它的枪身与 M29 转轮手枪相同，结构及强度都很坚固。推出这款手枪不久，史密斯威森公司就以 M57 转轮手枪介于 .357 麦格农弹和 .44 麦格农弹之间的性能进行了广告宣传。从数据上看，.41 麦格农弹的威力比 .357 麦格农弹更强，同时后坐力也比 .44 麦格农弹小，用起来应该更加顺手。

表面看上去 .41 麦格农弹似乎很完美，不过市场反应却并不理想。这是因为其他两种麦格农弹都有对应口径的普通手枪弹可以选择，而使用 .41 麦格农弹的转轮手枪却很难找到可以替换的其他普通手枪弹。

看似完美却不受欢迎的 .41 麦格农弹

.357 麦格农弹是由 . 38 口径的手枪弹改造而成

威力更强的 .44 麦格农弹

- 火力猛
- 后坐力强

介于两者之间的

.41 麦格农弹

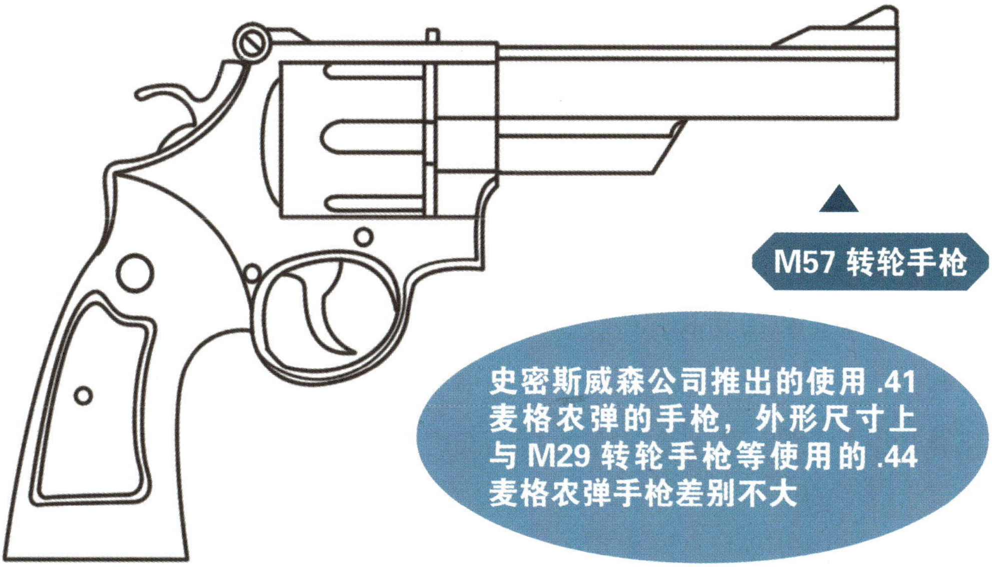

市场反应

如果不是偏执地追求大威力的话，.357 麦格农弹就已经足够了，否则，可以直接选择 .44 麦格农弹，还有必要再考虑 .41 麦格农弹吗

No.069 威力最大的手枪是哪一种

史密斯威森公司出品的M29转轮手枪和M500转轮手枪曾先后被称为“世界上威力最大的手枪”。

“没有最强，只有更强”，这句话同样适用于手枪

M500转轮手枪是史密斯威森公司于2003年推出的一款大口径手枪。此前，史密斯威森公司的代表产品是曾经号称“世界上威力最大的手枪”的M29转轮手枪，不过随着“蛮牛”、“超级红鹰”以及“沙漠之鹰”等大威力手枪的出现，这一称号遂被夺走。也许是出于竞争，也许是出于荣誉感，不久后，史密斯威森公司又推出了使用.500史密斯威森－麦格农弹的M500转轮手枪。

M500转轮手枪的研发动机就是因为当时一些使用.454卡苏里弹的转轮手枪威力超过M29转轮手枪。根据史密斯威森公司的说法，M500转轮手枪所使用的.500史密斯威森－麦格农弹所蕴含的动能将近于.44麦格农弹的3倍。然而，在实际射击中发现，虽然枪弹弹头在出膛瞬间的动能可以达到.44麦格农弹的3倍，不过，出膛后弹头的速度会急剧下降，在飞行20米以后，动能就与.44麦格农弹没什么两样了。

这是因为与.44麦格农弹相比，.50口径的.500史密斯威森－麦格农弹的弹头要大很多，要给如此大口径的弹头加速，M500转轮手枪的枪管还是不够长。有人认为，从综合性能来看，.500史密斯威森－麦格农弹与.454卡苏里弹并没有多大差别。而且，M500转轮手枪的枪管内很容易沾上铅碎屑，若是平时疏于清理的话，它的性能就会急剧下降。

从开发动机以及本身的实用性来看，M500转轮手枪似乎并不是完美的大威力手枪，同时它的价格也非常昂贵。即便如此，当M500转轮手枪推出以后，它的销量让人大吃一惊。对于喜好大口径、大威力的美国人来说，如果不能拥有“世界上威力最大的手枪”，实在是一种天大的遗憾。由于M500转轮手枪的威力太大，它通常被用于民间的狩猎活动。

为了保持“世界上威力最强手枪”的荣誉而推出的

.50 口径的 M500 转轮手枪

史密斯威森公司为了显示自己具备研发威力超过使用 .454 卡苏里弹的转轮手枪的能力

M500 转轮手枪

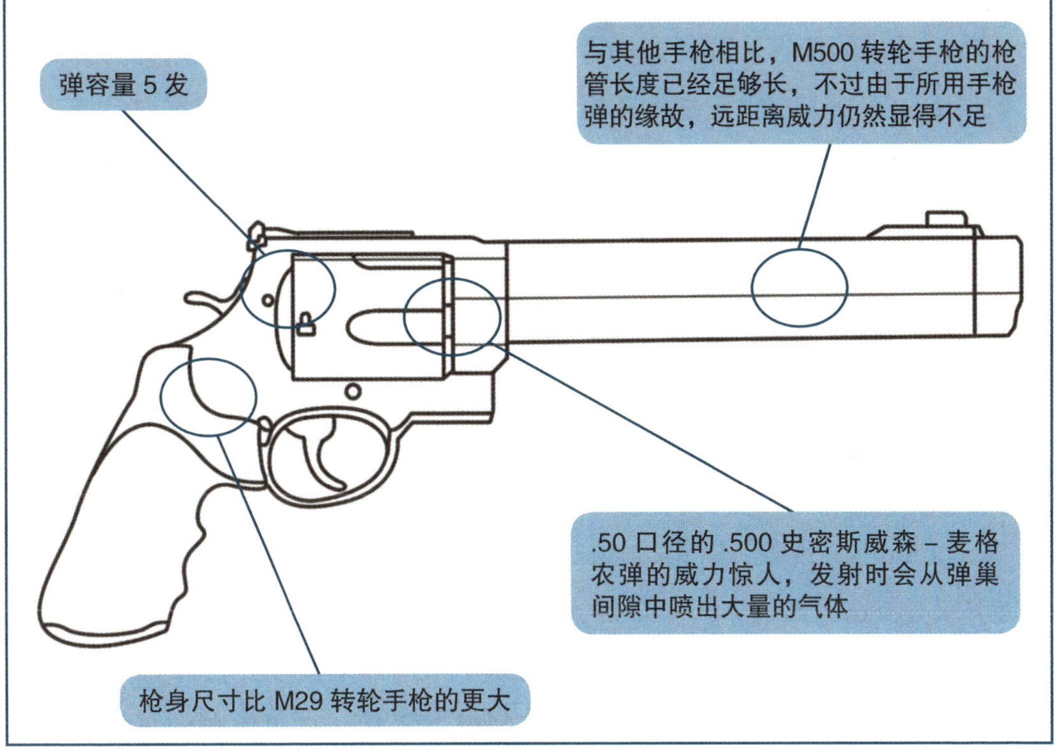

狩猎用 M500 转轮手枪

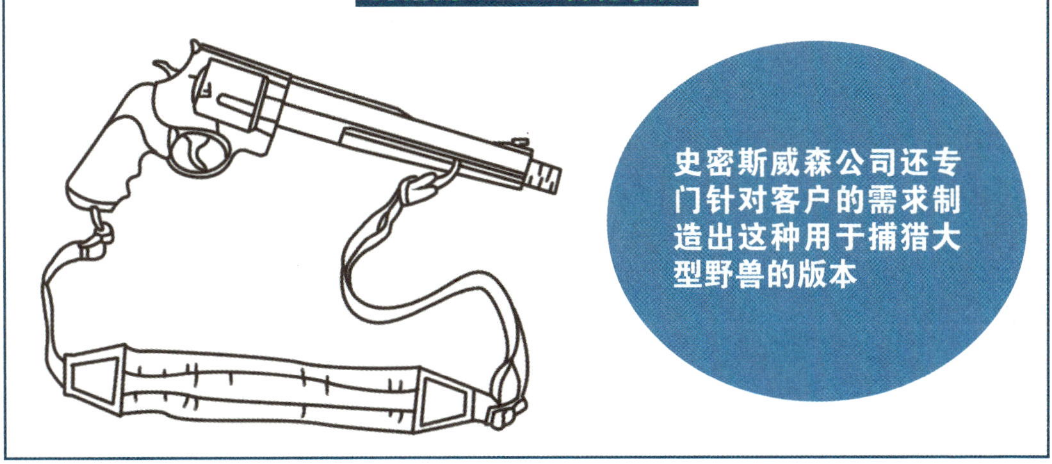

No.070 转轮手枪出现的“Gas Cutting”是哪种现象

转轮手枪为了保证弹巢顺利转动，在枪管和弹巢之间会留有一定距离的缝隙。

持续的“Gas Cutting”会对枪身造成严重损害

转轮手枪的枪管和弹巢之间存在着细小的缝隙，这个缝隙被称为弹巢间隙（Cylinder Gap）。转轮手枪在击发枪弹的时候，或多或少的发射气体总会从这里喷出，使用普通枪弹的转轮手枪无须在意这一点，如果是一些使用麦格农弹的大口径转轮手枪就需要留意了。长此以往，会导致手枪出现“Gas Cutting”现象。

所谓“Gas Cutting”，指的是高温、高压的发射气体从弹巢间隙喷出来的时候，直接冲击手枪枪身，从而导致枪身被切断的现象。当然，这并非一朝一夕就会发生的。但是，手枪在经过长时间的射击、冲击以后，对枪身造成损害也是必然的，如果制造枪械的材料不过关，后果可想而知。为了避免发生“Gas Cutting”现象，有人曾尝试想通过加宽枪身厚度或在弹巢间隙部分安装防护罩等方法来解决，可是依然无法根除这种弊端。

另外，为了防止发射气体从弹巢间隙中喷出而刻意缩小间距的话，枪弹发射后产生的火药残渣及其他附着物会将缝隙黏住，严重影响弹巢地转动，这种情况在大口径转轮手枪上尤为明显。

19 世纪末，比利时人莱昂·纳甘为沙皇俄国研发了一款叫做纳甘 M1895 的转轮手枪，这种手枪在射击的时候弹巢会随着扳机与击锤动作向前移动，也就是在发射气体喷涌的瞬间利用移动弹巢来减小弹巢间隙，取得了非常显著的效果。纳甘 M1895 曾被俄罗斯一直延续作为装备使用。由于其结构比较复杂，而且射击以后的排弹比较麻烦，目前，几乎再没有哪种转轮手枪采用这种设计。

大口径转轮手枪中非常普遍的现象

“Gas Cutting”指的是弹槽间隙喷出的气体会对枪身造成损害的现象

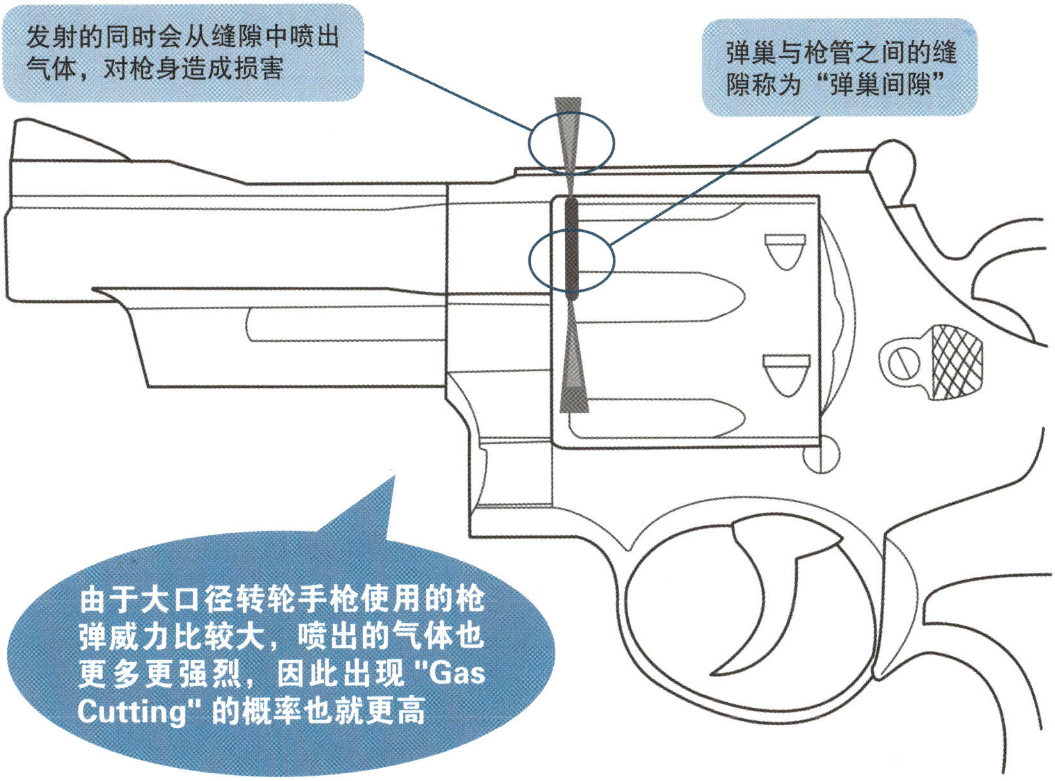

纳甘 M1895 转轮手枪

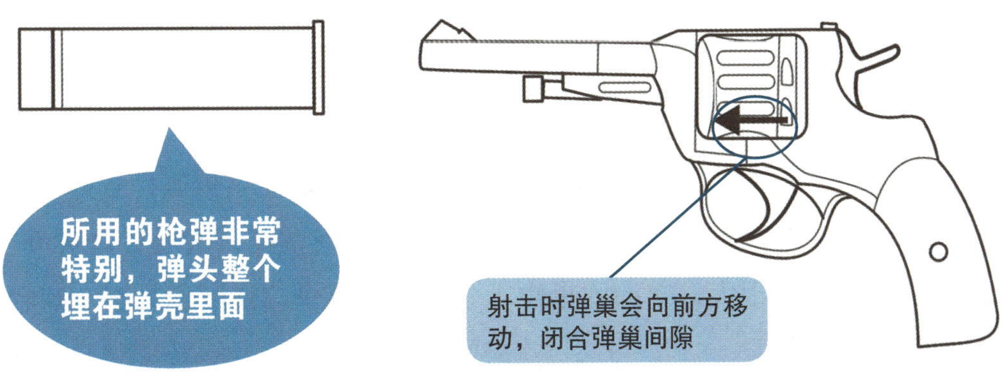

莱昂·纳甘研制的转轮手枪，虽然很大程度上避免了“Gas Cutting”，但其退出弹壳的步骤要比其他手枪麻烦

No.071 无沟槽弹巢是什么

这里的沟槽是指枪管外侧或者转轮手枪弹巢上的凹槽，这种凹槽能够起到辅助散热并减轻整枪重量的作用。

无沟槽弹巢

在转轮手枪的弹巢表面，通常都会均匀地刻出一些叫做沟槽（Flute）的凹槽，这种凹槽一方面可以增加弹巢的体表面积，起到散热的效果；另一方面还能减轻弹巢的重量。一般凹槽的数量与弹巢的枪弹容量相对应，弹容量为 6 发的转轮手枪上就有 6 道沟槽，5 发的就有 5 道，这也是转轮手枪外观上的一个明显特征。

自动手枪的弹匣多使用薄金属或者工程塑料制成，重量都比较轻。而转轮手枪的转轮弹巢本身就是由一块金属制成的，重量会比较重。在弹巢上刻上沟槽，可以将不必要的金属去掉，达到减轻重量的目的。毕竟，手枪的便携性还是非常重要的，同时，手枪的性能也不会因此而受到任何不良影响，这何乐而不为呢？

另外，当转轮手枪击发头一发手枪弹时，弹巢的旋转角度必须处在正好能够击发下一颗枪弹的位置。如果弹巢过重，旋转时的惯性太大，就有可能会造成弹巢的角度偏差，这也是减轻弹巢重量的一个重要因素。

也有一些转轮手枪的弹巢上并没有沟槽，采用这种弹巢设计的转轮手枪大多用于狩猎或者射击竞赛中，尤其是使用 .44 麦格农弹以上的大威力转轮手枪。这类手枪所使用的枪弹威力太大，为了保证弹巢的强度，弹巢通常会采用无沟槽设计。也有像史密斯威森公司生产的 M500 转轮手枪这种号称“世界上威力最大的手枪”，它一反常规地在弹巢上也开有沟槽，这是因为 M500 转轮手枪的尺寸已经很大，它的弹巢也十分厚重，本身的强度也足够，减轻重量才是它的最佳方案。

弹巢上沟槽的作用

弹巢的沟槽一方面能够辅助散热，另一方面还能减轻弹巢重量，不过，有些枪为了增加弹巢强度，采用“无沟槽式弹巢”的设计

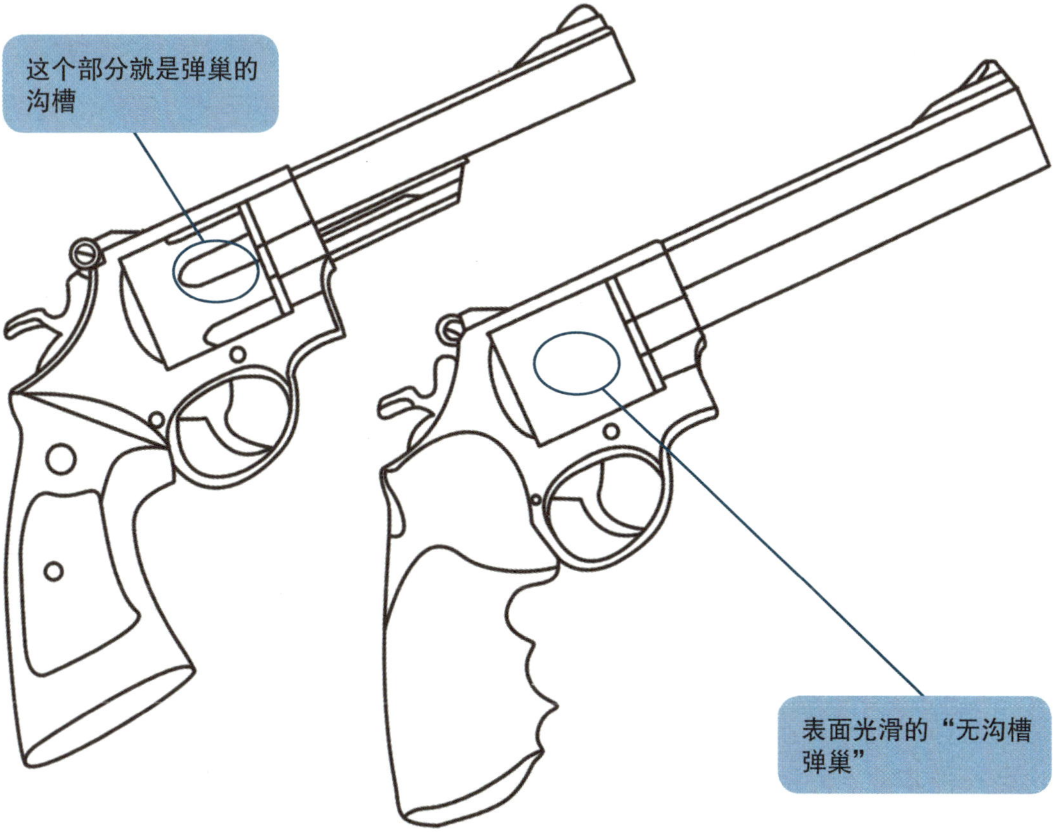

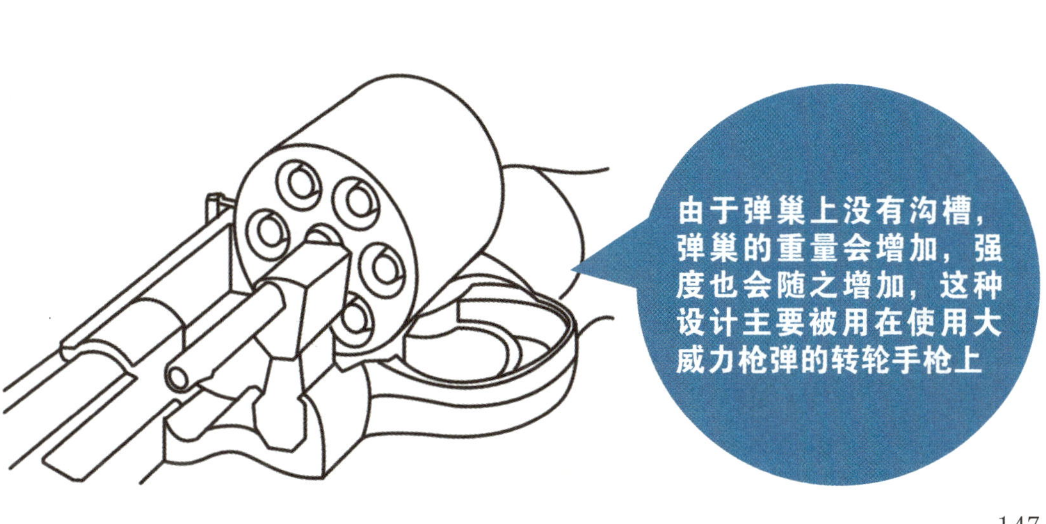

专题：德军在二战中使用最为广泛的各种反坦克手榴弹

简单来说，手榴弹就是一种用手人力投掷的小型炸弹。手榴弹爆炸时产生的冲击波及飞散的弹片会对目标人员造成严重伤害。二战时，德军用于攻击对方装甲目标的专用反坦克手榴弹得到广泛的使用。

德国是最先研究和制造出这种反坦克手榴弹的国家。在德军的东线战场，也就是苏德战场上，由于战线漫长，如果用飞机或火炮进行火力密集支援的话难度会很大。而且，苏、德双方都投入了大量的坦克，步兵们往往需要直接面对坦克作战，士兵手上的步枪或机枪的威力都不足以对苏军坦克构成有利威胁，在严重缺乏有效攻击坦克的武器时，德军与苏军坦克抗衡的唯一倚仗就只有手榴弹了。

最初，士兵用手榴弹攻击坦克的时候会将好几颗手榴弹绑在一起，用以加强爆炸的威力。德军士兵当时使用的是木柄手榴弹，他们会以一颗手榴弹为中心，在它的周围再捆绑上数颗，德军称之为“集束手榴弹”，当苏军坦克经过时迅速扔下，由于杀伤力不足，这只是一种临时应急的反坦克手段。

随着战争的延续，德国研发出一种专用的反坦克手榴弹，这种手榴弹杀伤目标的原理与火箭弹的弹头是一样的，而且造价更便宜。它是利用爆炸时形成的高温金属流定向在坦克车身的某一部位上，同时将之击穿。在当时，这是一种非常方便且十分有效的反坦克利器。

还有一种是将手榴弹与地雷相结合的攻防兼备型反坦克手榴弹，这就是德军专门用来对付苏军坦克的T型地雷。它在使用的时候只需要拔掉引信，将其扔向苏军的坦克即可。由于它的外形、重量都比较大，投掷起来比较困难，因此，德国步兵常常会选择先快速地冲向苏军坦克，近距离完成投掷后再迅速撤离。

此外，还有一种磁吸式反坦克手榴弹，德军可以事先将它摆放在苏军坦克的行进路线上。当坦克接近时，依靠磁铁的吸力，手榴弹就会被吸附到坦克上，随之爆炸，这也是一种强有力的反坦克武器。

第四章
爆炸型武器

No.072 什么是爆炸型武器

普通枪弹的弹头是不会爆炸的，它们主要是通过动能来对目标造成伤害。但是，像手榴弹、火箭筒等这一类爆炸型武器，除了动能伤害以外，它们还会通过爆炸来对目标造成进一步的伤害。

爆炸形成的伤害不容忽视

使用手枪或者步枪向目标射击的时候，通常一次只能击倒一个目标。这是因为弹头在弹道飞行中已经消耗了一部分能量，当它穿透目标以后，弹头的动能几乎消失殆尽。因此，弹头一旦穿透目标本身，就很难再对其后方的其他目标造成致命的伤害，就算是使用机枪这样的压制型武器来进行扫射，也不能单靠枪弹弹头的穿透力来杀伤群体目标。

这样的问题其实早就受到各国军方的重视，并为此而研制出各种各样的爆炸型武器。这类武器在爆炸的时候会产生巨大的冲击波、热辐射及弹片，可以对目标造成严重的破坏。无论是大型的加农炮、榴弹炮，还是小型的迫击炮、榴弹发射器、火箭筒、手榴弹等，都是属于爆炸型武器这一范围。

根据统计，在现代战争中，爆炸型武器所造成的死伤人数要远高于普通枪弹所造成的死伤人数，这直接促成了单兵防护装备朝着被动型防御的方向发展。现代士兵所佩戴的头盔以及身上所穿戴的防弹背心等，其主要目的都是为了减少弹头爆炸时产生的弹片等对人体造成的伤害。

爆炸不仅能够直接对目标身体造成伤害，巨大的爆炸声还会对目标的心理产生一定的影响。在感受到巨大的爆炸声与震动时，人会本能地产生恐惧、无助，甚至绝望的念头，这也是为什么在传统的阵地战中，采用的战术就是先用火炮集中轰击敌方阵地，然后再组织士兵进行冲锋。虽然，这种对心理造成的影响可以通过训练来克服，不过，从未上过战场的大多数士兵在短期内是很难具备这种直接面对恐惧的能力与胆识。

爆炸产生的杀伤力要比枪弹的强大很多

爆炸产生的冲击波可以直接将目标撕碎

不仅如此，爆炸还具有以下作用

爆炸造成的心理影响	飞散的弹片能够直接杀伤目标
● 巨大的爆炸声和振动会令士兵感到恐惧	● 爆炸产生的弹片杀伤力要比枪弹弹头大
● 对于部分新兵，克服恐惧需要很长一段时间	● 头盔和防弹背心的主要目的就是为了防止弹片的伤害

各种爆炸型武器

- 榴弹
- 炸药
- 导弹
- 火炮（加农炮、榴弹炮、自行高炮等）
- 迫击炮
- 手榴弹
- 榴弹发射器

No.073 火箭弹和一般炸弹有什么区别

火箭弹与普通炸弹不同，它在发射出去以后可以依靠自身的动力击毁目标。

利用火箭发动机产生的动力来推动的炸弹，可以攻击远距离目标

火箭弹其实就是一种依靠其本身携带的燃料，在火箭发动机推动下自行飞向目标的中型炸弹。它通常由战斗部、动力推进系统和飞行稳定系统组成，主要用于压制、杀伤对方有生目标或其他有价值目标。

与普通弹头装填的炸弹相比，火箭弹不需要依靠炮（枪）膛就能发射，也正因为不是通过炮（枪）管为火箭弹加速，火箭弹在发射后的瞬间加速能力要比普通弹头差，因此，它的初速度没有普通弹头的快，这就意味着其自身所产生的动能也会相应较低，火箭弹的穿透力同样也会弱一些。所以，火箭弹弹头如果采用像穿甲弹这一类穿透型弹头的话，它所产生的威力就会比较弱。为了保证足够的威力，火箭弹的弹头部分一般都是选用填满炸药的榴弹，依靠榴弹在击中目标后产生剧烈爆炸形成的冲击波和弹头碎片来摧毁目标。因而，火箭弹的初速度并不特别重要。

也就是说，火箭弹与普通炸弹相比，在对目标的破坏方式上有一定的差别，普通炸弹是通过“穿透力 + 爆炸”的方式，而火箭弹则是以“穿透力 + 爆炸 + 弹片”的方式来有效地击杀目标。火箭弹的弹头尺寸通常要比炮（枪）射枪弹的大很多，因此，它的杀伤力往往超过这类普通的装填型弹头。

火箭弹的尺寸虽然更大，但它是凭借自身携带的燃料，通过发动机产生的推力来飞行的，因而无须像炮（枪）那样必须考虑发射炮（枪）弹时后坐力带来的不良影响。无论是火箭弹，还是炮（枪）弹头，它们都必须保持发射后飞行弹道的稳定。炮（枪）弹是依靠炮（枪）管内的膛线令炮（枪）弹头旋转来保持飞行弹道的，而火箭弹则不同，它是通过弹身尾部的尾翼来保持飞行弹道的稳定。

火箭弹

穿甲弹 → 以金属弹头通过高速冲击来破坏目标

火箭弹的飞行速度比较慢，因此不适合使用穿甲弹头

从火箭弹研发以来，它基本上都是通过命中目标后弹头发生的剧烈爆炸来对目标造成伤害

榴弹

依靠弹头中炸药的爆炸形成的冲击波及大量金属碎片来摧毁目标

反坦克榴弹

专门针对坦克等装甲车辆使用的弹头，可以将爆炸的能量集中在一点，轻易地击穿目标的装甲

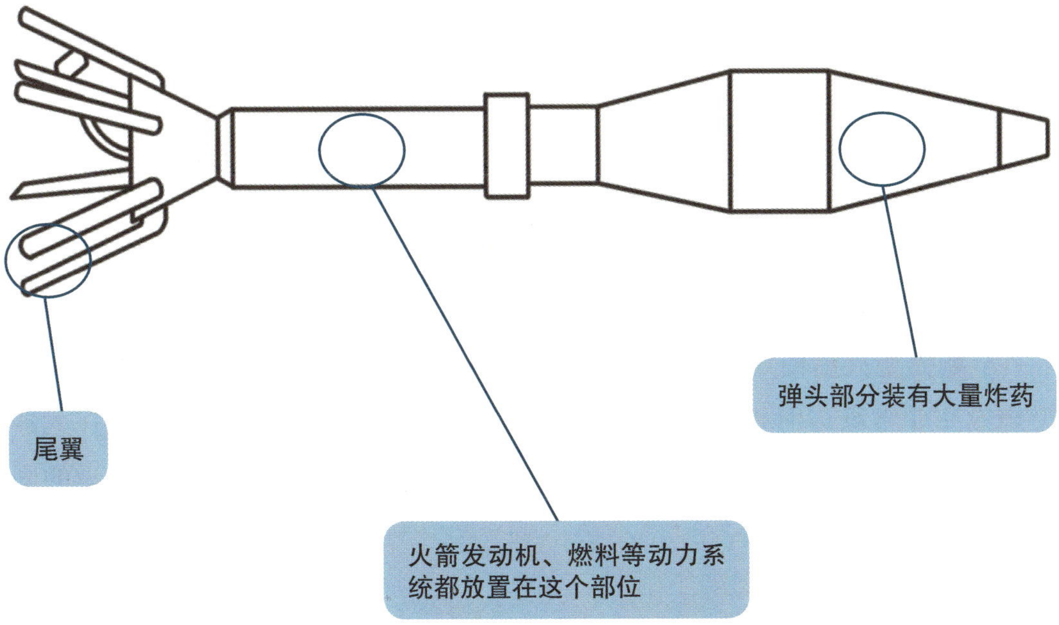

No.074 火箭弹的飞行原理

火箭弹，顾名思义，是一种依靠火箭推动弹体飞行的大型枪弹。

用火箭发动机产生的动能推进的枪弹

火箭弹是一种在内置火箭发动机产生的动力推进下自行飞行的非制导型大型枪弹。在发射时，火箭弹内部的燃料进入到火箭发动机中，经过剧烈燃烧后产生的气体会朝后方喷射，从而产生带动火箭弹向前飞行的作用力。这种火箭发动机原理与用来发射人造卫星的火箭相同，两者的区别只是在于燃料、推重比及搭载物的不同。虽然火箭弹与火箭的飞行原理都是相同的，但是它们的飞行稳定系统还是有所区别的。通常，火箭弹的飞行稳定系统分为两种：尾翼式和涡轮式。尾翼式火箭弹依靠尾翼来保持其在飞行中的弹道稳定；涡轮式火箭弹则是依靠从倾斜喷管喷出的燃气，使火箭弹绕弹轴高速旋转，形成“陀螺效应”（物体利用转动时产生的离心力来保持自身的平衡），保持其飞行的弹道稳定。

除了飞行稳定系统，火箭弹一般还包括战斗部和火箭发动机这两部分，其中，战斗部又由引信、火箭弹壳体、炸药或其他装填物等组成；火箭发动机由点火系统、推进剂、燃烧室、喷管等组成。

火箭弹的发射装置，既有小型化的单兵便携式火箭筒，也有大型的火箭发射架和火箭发射车等。以二战中的单兵火箭筒来说，在射击手扣下扳机的同时，火箭发动机就开始启动，经过短暂高能爆炸形成的燃烧气体产生的推力会将火箭弹发射出去。当时，这种火箭弹的有效射程比较短，约为150至300米。

早期大型火箭使用的燃料是液态氢、煤油等液态燃料，虽然这类燃料的燃烧效率非常高，但是它的化学性质没有固体燃料的稳定，直接使用在武器上并不方便。因此，后来的火箭弹大多会使用化学性质与火药比较接近的固态燃料。

火箭弹的飞行原理

通过火箭内部的燃料燃烧产生压力，通过压力后喷的反作用力来推进火箭向前飞行

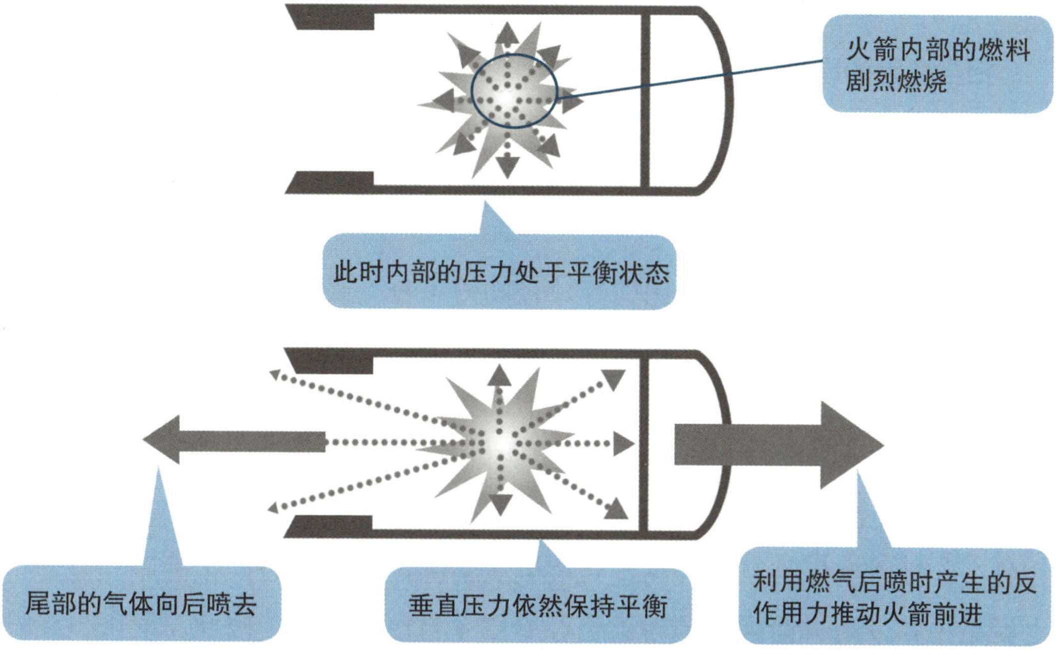

使用不同燃料的火箭弹

液态燃料推进的火箭弹	固态燃料推进的火箭弹
● 燃烧效率高	● 化学性质稳定，易于储存管理
● 化学稳定性比较差	● 性质上比较接近火药
● 用于发射卫星的大型太空火箭	● 主要用在武器上

No.075 火箭弹的尾焰会有什么副作用

在火箭发射器发射的时候，其尾部会喷出大量的火焰，这是火箭发射器工作时不可避免的现象。

相当危险的尾焰

凡是火箭发射器，无论是大型的多管火箭炮，还是手持的单兵火箭筒，都会出现“喷焰”的现象，其实这些都是火箭内部的燃料在燃烧时形成的高温、高压尾焰。

虽然火箭弹的后坐力要比同等口径的炮（枪）弹小很多，但这并不意味着完全没有后坐力。尤其是单兵便携式火箭筒，它需要依靠个人力量来控制并发射火箭弹，因此，必须要具备相应的措施来减轻火箭弹的后坐力，这样才能使火箭的尾焰朝后方喷出并逸散开来。

然而，火箭弹喷射的尾焰会产生强烈的烟雾并掀起地上的尘土，尤其是在晚上，敌方在远处就能轻易地观察到火箭弹尾焰燃烧时产生的剧烈亮光，也就是说在发射火箭弹的同时就已经暴露了自己的位置，因此，射击手在发射结束以后需要立刻转移阵地，否则就可能会遭到对手的还击。

此外，还要尽量避免在建筑物、碉堡、掩体等空间狭窄的区域使用火箭弹，这是由于火箭发射器发射时产生的尾焰可能会因为空间的限制而发生变向，误伤到射击手本人或其他队友。

除了火箭弹以外，像一些无后坐力炮也会出现这样的问题。虽然无后坐力炮使用的不是火箭弹，不会产生强烈的尾焰，但是，为了抵消后坐力，发射火药燃烧产生的高温、高压气体也会从无后坐力炮管的尾部喷出，形成大量的气体烟雾。

射击手需要注意身后，防止误伤害队友

“喷焰”，就是发射火箭弹时从发射器尾部喷射出来的尾焰

通过将火箭尾焰散去的方式，可以减小发射时产生的后坐力，便于单兵操作

↓

问题一：容易暴露射手的位置

- 火箭的尾焰非常明亮，夜间很容易暴露自己的位置
- 尾焰造成的烟雾和尘土从很远就可以看见

问题二：切忌在狭窄的地方使用

- 尾焰有可能会变向，烧伤自己或者队友

↓

战壕里　碉堡内　车厢中 → 禁止使用

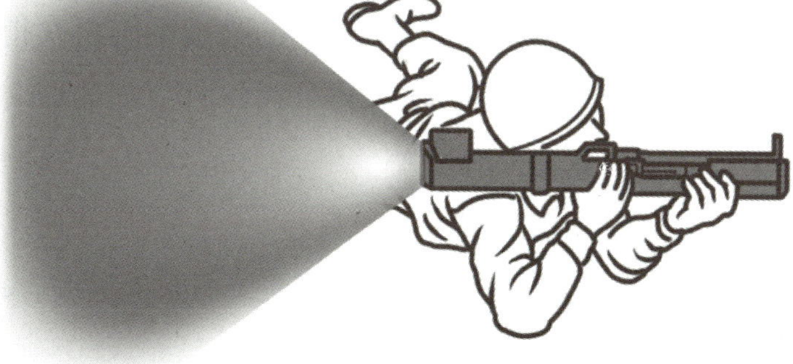

发射时，射击手后方最好留出十几米的空间，还需注意身后是否有其他人

No.076 火箭筒如何进行瞄准

在二战期间问世的手持火箭筒，发射时瞄准的方式与普通步枪相同，都是通过机械瞄准具来进行瞄准。

火箭筒的专用瞄准具

火箭筒最早出现在二战期间，德国的“铁拳”（Panzerfaust）反坦克榴弹发射器可谓是现代火箭筒的雏形。不过，这种武器充其量只能算是一种无后坐力炮，美国的“巴祖卡”（Bazooka）反坦克火箭筒才是现代真正最具意义的第一种火箭筒。

早期的肩扛式反坦克武器都是通过机械瞄准具来瞄准的，“铁拳”反坦克榴弹发射器和“巴祖卡”反坦克火箭筒也是如此。相对其他反坦克武器而言，火箭筒的发射要简单一些，因为火箭弹的飞行轨迹是平行于地面的，因此，射击手只需要隐蔽起来，瞄准目标后水平发射即可。

到了二战后期，随着火箭弹性能的提升，火箭筒可以从远距离攻击目标。为了提高命中率，火箭筒上开始安装简单的光学瞄准具。射击手在使用这种瞄准具观察目标的时候，从瞄准具中会看到纵横交错的两条线，线上标有刻度，可以显示出射手与目标之间的距离。光学瞄准具虽然在对目标的瞄准精度上有一定的提升，但是在发射时，由于目标会受到移动速度、风速、风向等因素的影响，并不一定每次都能准确命中目标。

二战后，单兵便携式火箭筒进化为射程更远、威力更大、带有制导装置，并能跟踪目标的单兵便携式反坦克导弹及防空导弹。它们的瞄准系统再次得到升级，不但可以显示被跟踪目标的红外线热影像，还可以将收集到的即时数据显示在瞄准系统上，大大提高了它的首发命中率。

如今，现代新型单兵便携式火箭筒大多采用了“弹筒合一、一次性使用”的设计，更加便于单兵携带。但是，由于其瞄准系统比较昂贵，不能随意丢弃，发射后会被拆下重复使用。

单兵火箭筒的瞄准方式

起初，以传统的“准星”和“照门”来进行瞄准，现在普遍使用各种高科技的瞄准具

以机械瞄准具瞄准

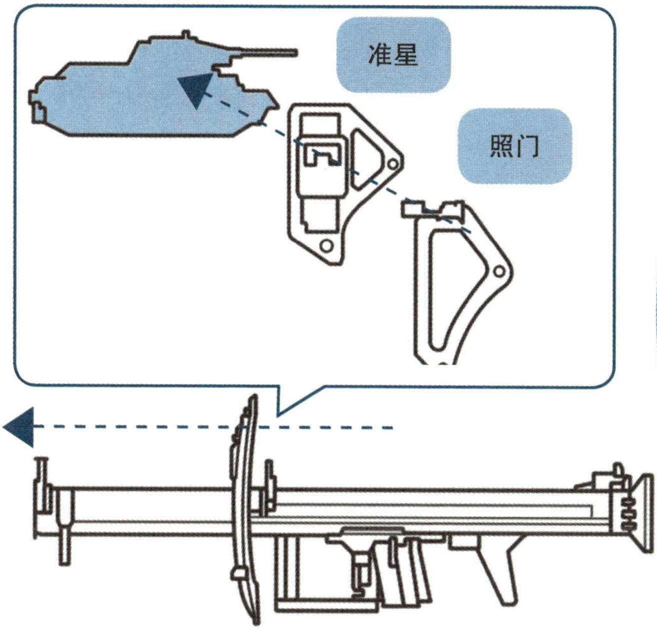

将准星和照门并排到同一直线进行瞄准，看上去很简单、很容易，不过，想要真正命中目标，还要凭借射击手的感觉及丰富的经验

现代瞄准具的使用方式

射击手通过确认显示器上的画面进行瞄准，以瞄准具测量的距离、风向、目标速度等参数加以修正

No.077 巴祖卡是什么

巴祖卡是世界上单兵反坦克火箭筒的始祖，它的出现动摇了“坦克是最有效的反坦克武器”这一著名论断。

世界上最早的单兵肩扛式火箭发射器

单兵肩扛式火箭发射器（Rocket Launcher），简称为单兵火箭筒，是一种依靠火箭喷推进器来发射榴弹的反坦克武器，可以选择发射火箭穿甲弹、榴弹等不同用途的火箭弹。

巴祖卡（Bazooka）单兵反坦克火箭筒是美军在二战中使用的第一种单兵火箭筒，原本称为“Stovepipe”（意为：烟囱），因为其管状外形类似于一种名叫巴祖卡的喇叭状乐器而得名。

当时，还有一种外形与巴祖卡火箭筒很相似的反坦克武器——无后坐力炮，这种武器在外形上与巴祖卡很接近，不过，它其实是小型化的火炮，与巴祖卡火箭筒有着本质的区别。首先，巴祖卡火箭筒发射的火箭弹是完全依靠自身火箭的推进力飞行的，而无后坐力炮则是通过发射火药燃烧时产生的气体压力将弹头发射出去。无后坐力炮与其他火炮也有区别，普通的火炮为了能够充分利用发射火药燃烧的气体对炮弹弹头进行加速，其炮管尾端都采用密闭结构设计；而无后坐力炮则会在炮管尾端设有开孔，将多余的发射气体散出，以起到减轻后坐力的作用。无后坐力炮减轻了后坐力后，士兵就可以将其直接扛在肩膀上发射，但是，由于发射气体消耗太多，它的射程很短。除此之外，无后坐力炮与单兵火箭筒一样，在发射的时候会从后方喷出高温、高压的发射气体，容易暴露射击手的位置，因而不适合在狭窄的区域内使用。

著名的RPG-7单兵反坦克火箭筒是苏联在二战后研发的另一种单兵火箭筒，它借鉴和学习了德国“铁拳”榴弹发射器和美国“巴祖卡”火箭筒的优点，因此兼具无后坐力炮和火箭发射器的特征，在发射时，它先通过无后坐力炮管将火箭弹发射出去，在飞行到一定距离后，火箭弹的火箭发动机点火并喷射推进，直至命中目标。

“巴祖卡”单兵火箭筒

巴祖卡是最早的单兵肩扛式火箭发射器

需要注意的是“巴祖卡”并不是正式的军方名称，而是士兵们起的绰号

火箭发射器

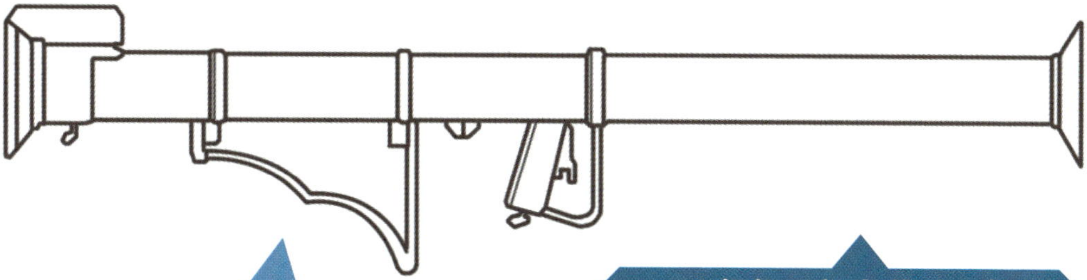

M20 超级巴祖卡单兵火箭筒

用来发射火箭弹的单兵武器

无后坐力炮

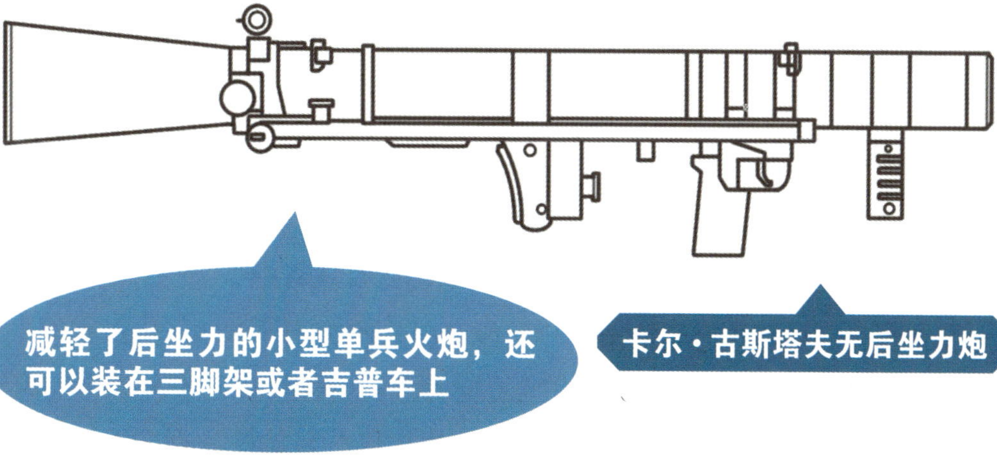

减轻了后坐力的小型单兵火炮，还可以装在三脚架或者吉普车上

卡尔·古斯塔夫无后坐力炮

RPG-7 火箭筒兼具火箭发射器和无后坐力炮的两种特性

No.078 单兵便携式导弹有什么用途

单兵便携式导弹是一种集威力大、射程远、命中率高等众多优点于一身的大威力爆炸型武器，与其他单兵武器相比，它的造价当然也要昂贵得多。

主要用于攻击飞机与坦克等有价值目标

单兵便携式导弹与火箭弹在外形上很相似，不过，与单兵火箭筒相比较，它是一种先进的、造价极高的单兵精确制导武器。所谓精确制导武器，是以微电子、电子计算机和光电转换技术为核心，以自动化技术为基础发展起来的高新技术武器，是可以按照一定的规律来控制武器的飞行方向、姿态、高度和速度，引导战斗部准确攻击目标的各类武器的统称。

单兵便携式导弹分为两大类：单兵便携式反坦克导弹和防空导弹。

单兵便携式反坦克导弹则主要用来攻击装有厚重装甲的主战坦克、步兵战车等地面装甲目标，由于坦克装甲车辆的行驶速度比较慢，无法像战斗机、攻击机等在遭到导弹攻击的时候进行高速规避，为了降低对方反坦克导弹造成的威胁，只能将希望寄托在新型的反应装甲、电子预警等被动式防御上。

单兵便携式防空导弹是所有地空导弹系列中体积最小、重量最轻、射程最近、射高最低的轻型防空武器，通常用于作战区域的阵地前沿或重要设施的超低空、低空防御，主要打击目标为低空、超低空飞行的战斗机、攻击机、轰炸机、武装直升机、无人机等。

传统的大多数单兵武器的有效射程都取决于射击手的技术水平，而单兵便携式导弹则不同，其飞行方向、高度、角度、速度等都是通过计算机来进行细微控制，它的命中率非常高，甚至可以达到百发百中。

与大威力、远射程、高命中率相对应，单兵便携式导弹的造价极其昂贵，因此，它不可能像火箭筒或者无后坐力炮等武器一样可以随意地选择目标发射，其主要的攻击目标是造价更加昂贵的战斗机、轰炸机、直升机、坦克、重要的地面设施等。

便携式导弹的类型和目标

由于导弹造价昂贵，因此并不能随意攻击普通目标

综合性价比，导弹用来攻击更加昂贵的飞机、坦克等目标才是最为合适

便携式防空导弹

- 用来攻击战斗机、运输机、直升机等
- 目标本身的装甲比较脆弱，所以会使用高爆弹头，以弹片杀伤目标
- 取代防空高炮，担任低空防御任务

防空导弹是指可以从地面、舰艇、潜艇上发射，用来攻击空中目标的导弹。

便携式反坦克导弹

- 目标多是坦克装甲车辆
- 多使用穿甲弹
- 也会用来攻击敌军阵地或地面有价值目标

属于对地导弹，不过主要用来攻击坦克等重型目标

No.079 “发射后不管”是什么意思

“发射后不管”原本是指武器具备在发射到命中目标阶段时不必受到人为的控制，可以立即转移或者进行下一次发射的能力。

现多用于形容精确制导武器的能力

“发射后不管”（Fire&Forget），现在特指精确制导武器具备发射之后不需要接受其他人为控制，自动完成锁定、跟踪，直至命中目标，武器具备自主引导能力。

其实，最初这只是一种战术运用方式，起源于二战后期的日本，日军常常会组织敢死队员驾驶着自杀式鱼雷、飞机等自杀型武器，利用人工操作来保证命中率，给美军造成了极大的伤亡。采用“自杀式人力制导”的方式，通常是即将战败的一方为了扭转战局才会使用的终极手段。

早期的反坦克导弹是不具备“发射后不管”的能力的。当时多采用遥控的方式来调整导弹的飞行弹道直至命中目标，这种方式需要射击手实时观察导弹的飞行轨迹，随时对发生的偏差作出细微调整。导弹发射出去以后，射击手往往要待在原地对目标进行敌我识别，还必须用瞄准器跟踪目标或使用激光指引导弹飞行，因此，很容易遭到对手的狙击。

自从具备自动引导能力的导弹出现以后，这才实现了真正意义上的“发射后不管”。射击手在发射时通过瞄准器捕捉并锁定目标，一旦锁定以后，导弹便会通过红外线探测完成自动引导、自动调整飞行轨迹、自动命中目标这一过程。

由此可见，是否具备“发射后不管”的能力会直接影响到导弹的命中率，更为重要的是对射击手自身安全的保障。由于导弹发射器在发射的时候会产生剧烈的喷焰和烟雾，因此射击手所在的位置很容易暴露，如果还要在待在原地对导弹进行引导的话，射击手的危险系数很高。使用了“发射后不管”的导弹以后，射击手完全可以隐藏起来，安全性大大提高，可以随时展开下一轮攻击。

发射后不管

发射后就不需再控制，现在主要指的是导弹在发射以后不再需要人工引导，导弹会自动完成锁定、跟踪直至命中目标这一过程

早期的反坦克导弹

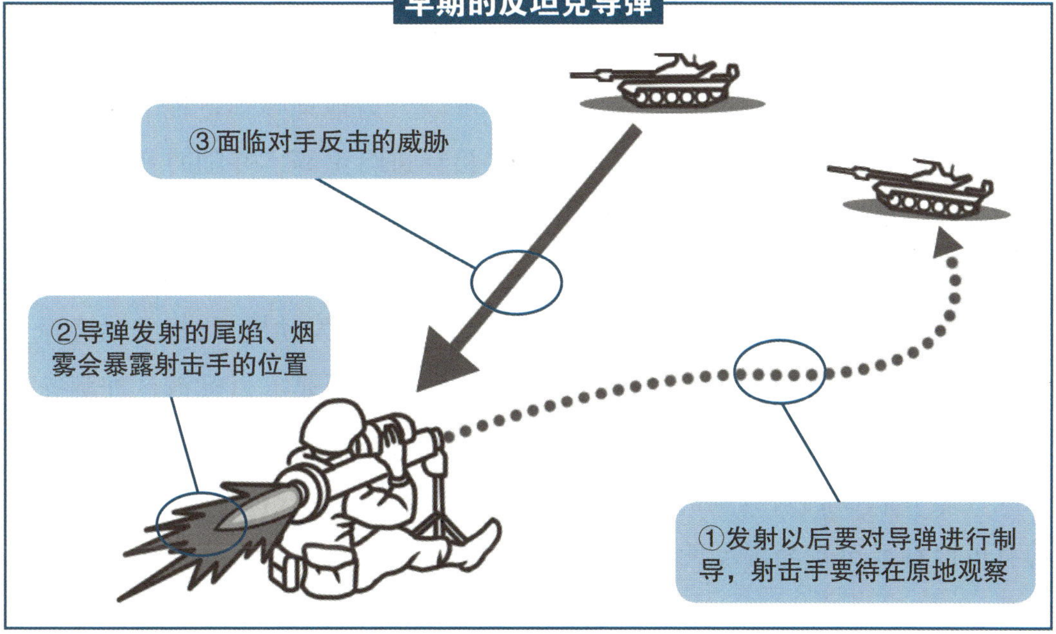

现代的反坦克导弹

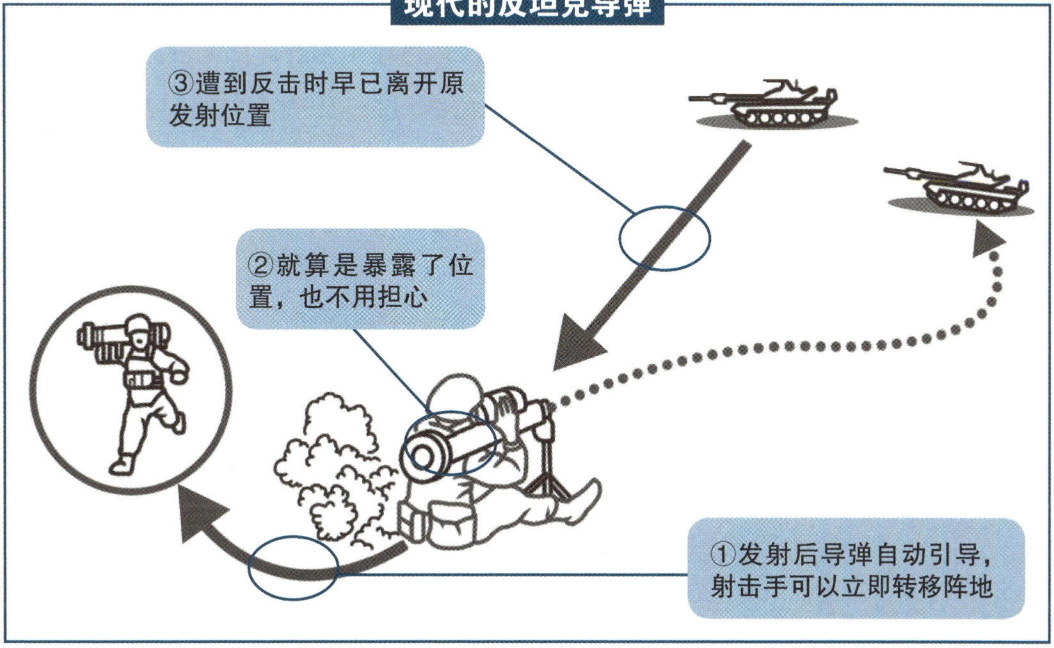

No.080 导弹如何追踪目标

导弹是一种通过制导系统来引导自身追踪目标的动向，准确地命中指定目标的飞行武器。

导弹的制导方式

根据所对付的目标不同，常规型导弹可以分为地地导弹、地空导弹、反舰导弹等类型。那么，导弹是如何对这些目标进行追踪，并随时变更自己的飞行路线以保证其准确命中的呢?

最初导弹的制导方式为被动式制导（Passive Homing），导弹可以通过探测器对目标发出的红外辐射/热源进行捕捉(地面车辆发动机、飞机的尾焰等)，从而修正自身到目标的飞行轨迹，直至击中目标。但是，目标被这种制导方式的导弹锁定以后，可以通过释放干扰弹对其进行干扰规避。干扰弹可以诱骗红外制导武器脱离真实的锁定目标，从而达到保护自身的目的。比较常见的有可以释放出较高温度的红外辐射弹，它被广泛用于飞机、舰船的被动防御上。

另外一种常见的锁定目标方式是通过导弹本身发出无线电波，以主动的方式来搜索目标的位置，这种方式称为主动式制导（Active Homing）。采用这种制导方式的导弹命中率比被动式制导要高，不过，其造价也相对昂贵得多。还有一种不是通过导弹本身，而是通过接收地面小股突击部队或侦察机等发射的激光或者无线电的导引信号来准确命中目标，这种制导方式称为半主动式制导（Semi-Active Homing）。

至于那些像中远程弹道导弹或者巡航导弹这类的战略型导弹，他们的制导方式要复杂得多。导弹常见的制导方式通常还包括惯性制导、乘波制导、指挥至瞄准线制导等。

导弹的制导方式

制导指的是引导和控制飞行器按一定规律飞向目标或预定轨道的技术及方法

被动式制导

- 通过捕捉目标发出的热源进行追踪
- 目标可以通过降低热源或制造假热源来令导弹无法识别真正目标

主动式制导

- 导弹本身发出无线电波，根据回波辨识目标
- 技术更先进，造价也更昂贵

半主动式制导

- 可以说主动式制导的简易版本
- 靠先遣部队或侦察机等发射的激光、无线电波导引导弹识别目标

制导技术的发展

随着科技的进步，导弹的制导技术越来越先进，通常有惯性制导、乘波制导、主动雷达制导和指挥至瞄准线制导等

No.081 枪榴弹是什么

枪榴弹是一种通过枪管发射的专用榴弹，通常多是加装在突击步枪上，为士兵提供近距离的火力支援。

能提供近似榴弹炮的火力支援效果

榴弹炮是炮兵的主要炮种之一，能够在战场上为步兵提供非常有效的火力支援。由于尺寸和重量的原因，它的使用环境和地点会受到诸多的限制。单兵携带的手榴弹虽然也能提供部分火力支援，但它的投掷距离、命中率等都不容乐观。

为此，供步兵直接使用枪械发射的枪榴弹也就应运而生。最早的枪榴弹是在步枪的枪口上加装发射杯，利用空包弹的压力直接发射手榴弹。这种原理与气枪类似，由于是“步枪＋手榴弹”的方式，因此，人们将其合称为“枪榴弹”（Rifle Grenade）。

枪榴弹的弹体比较重，如果直接水平发射的话根本打不了多远距离。因此，在发射的时候需要保持一定的仰角，保证枪榴弹以抛物线自由坠落的方式来命中目标。这种武器在一战的时候就已经开始使用，到了二战，德军将部分反坦克步枪改装以后，制成了专用的榴弹枪发射器投放到战场中。

枪榴弹的射程比徒手投掷的手榴弹要远很多，而且命中率也更高，用来加强步兵的火力再合适不过了。早期的枪榴弹在使用时需要先把枪膛中的实弹退出换成空包弹才行，也就是说，当步枪发射枪榴弹时，暂时无法发射枪弹。

现代步枪大都采用的是枪挂式榴弹发射器，它可以额外附装在突击步枪或自动步枪上使用，主要用于打击400米内隐蔽或暴露的有生目标、重要通信指挥设施及轻型装甲车辆。榴弹发射器可以大幅提高步兵的杀伤力和反装甲能力，尤其适合于城市巷战和山地丛林作战。

用步枪来发射榴弹

榴弹炮虽然在战场上火力强大，不过太大、太重

需要一种供单兵携带使用的小型榴弹发射器

↓

用步枪枪管发射的枪榴弹开始登场

发射杯式

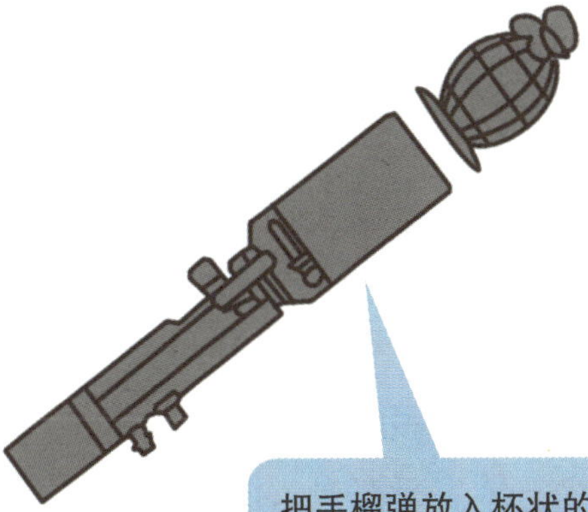

套管式

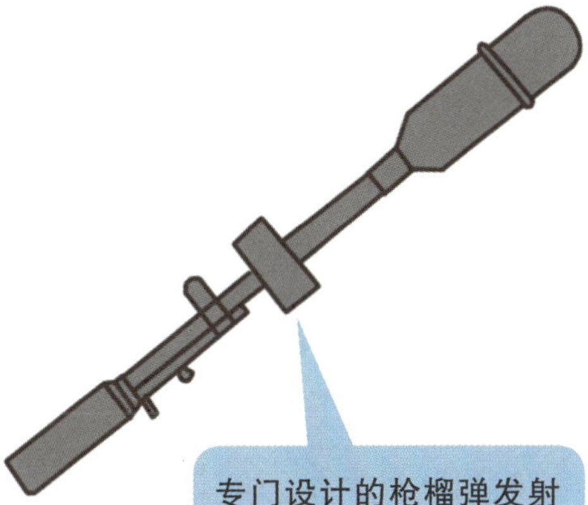

枪榴弹的发射姿势

需要保持一定的角度令榴弹在空中形成抛物线

No.082 榴弹有哪些种类

榴弹与步枪、手枪所使用的枪弹一样，根据弹体的尺寸和用途的不同，也分为多种类型。

从大威力枪弹到非致命枪弹都有

通常，各种手持的榴弹发射器口径多为 40 毫米左右，榴弹与炮弹的引爆方式一样，在命中目标时依靠冲击力将其引爆，通过爆炸来产生巨大的杀伤力。这样，一方面能够加强步兵在战斗中的火力，另一方面携带起来也很方便。

大多数榴弹都是利用爆炸时产生的冲击波和弹片直接对人员进行杀伤，根据口径、火药种类的不同，也可以用来破坏车辆、地面设施等目标。它的种类包括杀伤威力较大的钢珠弹、箭霰弹、子母弹、飞行距离较远的底凹弹、枣核弹、火箭增程弹以及底部排气弹等。现代某些杀伤榴弹的弹体内装有数千颗小钢珠、小钢箭，这些榴弹杀伤破片多、杀伤面积大。如 105 毫米箭霰弹，弹体内装有 4.15 千克炸药和 8000 根小钢箭，爆炸时四散的小钢箭的杀伤面可覆盖约 6000 平方米内的目标。此外，还有燃烧弹、烟雾弹、催泪弹、照明弹等多种用途的枪弹和装填橡胶或者海绵等材料的非致命性枪弹。

榴弹的基本构造与步（手）枪弹一样，都是由弹头和弹壳构成的，与枪弹不同之处在于榴弹弹壳内部的构造比较特殊。在发射时它的弹壳内部以一种“高低压原理”（High-low Pressure）的方式来运作，弹壳内部发射火药燃烧产生的高压气体会慢慢进入枪管，推送着弹体向前方射出。这样，施加在枪管上的作用力就比较低，从而实现榴弹发射器的轻量化。

由于榴弹尺寸偏大的原因，不可能像步枪或者机枪那样随时备好数十、上百发枪弹。在越南战争中，美军的榴弹手最多也只能携带 20 发的枪弹。

榴弹的种类

大多数口径都为 40 毫米左右，也有 105 毫米大口径榴弹。根据用途的不同，会选用各种不同类型的弹头

常见的榴弹类型

- 钢珠弹
- 箭霰弹
- 子母弹
- 燃烧弹
- 烟雾弹
- 催泪弹
- 照明弹

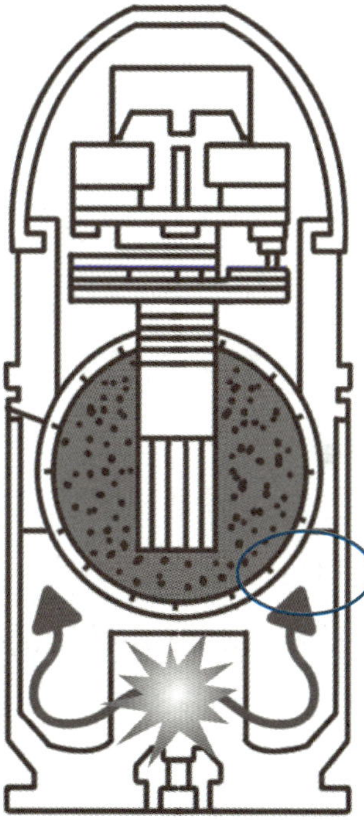

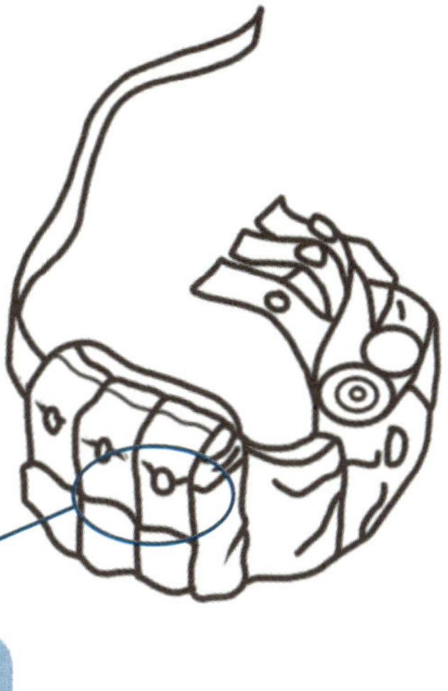

1
2
3
4

No.083 榴弹发射器也可以连发吗

越南战争时，美军使用了大量的榴弹发射器，当时的榴弹发射器基本上都需要通过手动来完成装填、退壳等动作。

可以快速发射的全自动榴弹发射器

在越南战争时，就有人提出能不能把榴弹发射器改良成像机枪一样，能够进行连续射击？因为在丛林战中，许多大型武器并无用武之地，威力比较强的榴弹发射器是美军非常信赖的一种武器，可是，榴弹发射器基本都要手动装填、退壳，射速并不理想。

全自动榴弹发射器（Automatic Grenade Launcher），又称为榴弹机枪，其外型及原理都和重机枪非常相似，只不过是将枪管更换、所发射的枪弹换成榴弹而已。榴弹的口径要比机枪弹大很多，进行全自动射击的话会对枪管和枪机等结构造成很大的负担，因此需要使用专用的低后坐力枪弹，这种枪弹与无后坐力炮所使用的枪弹相似，通过弹体内部的“高低压原理”来减轻发射时产生的后坐力。

另外，机枪、步枪等使用的枪弹尺寸比较小，方便士兵大量携带，而榴弹则不行，若是想要携带大量的榴弹来保证连续射击的能力，一般都会将榴弹发射器用三脚架固定在车辆或者舟艇上。

虽然全自动榴弹发射器所用的榴弹口径多为40毫米，但是它与单发榴弹发射器所使用的40毫米榴弹并不一样，不能互换使用。全自动榴弹发射器所使用的40毫米榴弹射速较快，可以对付轻型装甲车辆及人群等目标，它采用弹链进行供弹，一般使用30~50发的弹链进行装填供弹。

还有一种转轮榴弹发射器也可以进行连续射击，它的发射原理与转轮手枪比较相似，它安装了一个可以容纳多发榴弹的旋转式弹巢。与全自动榴弹发射器相比，转轮榴弹发射器的重量要轻很多，主要配备在警察或者维持治安的部队中。

能够连发的榴弹发射器

榴弹发射器要是可以像机枪一样连续射击的话，对目标的压制效果会大为增强

全自动榴弹发射器

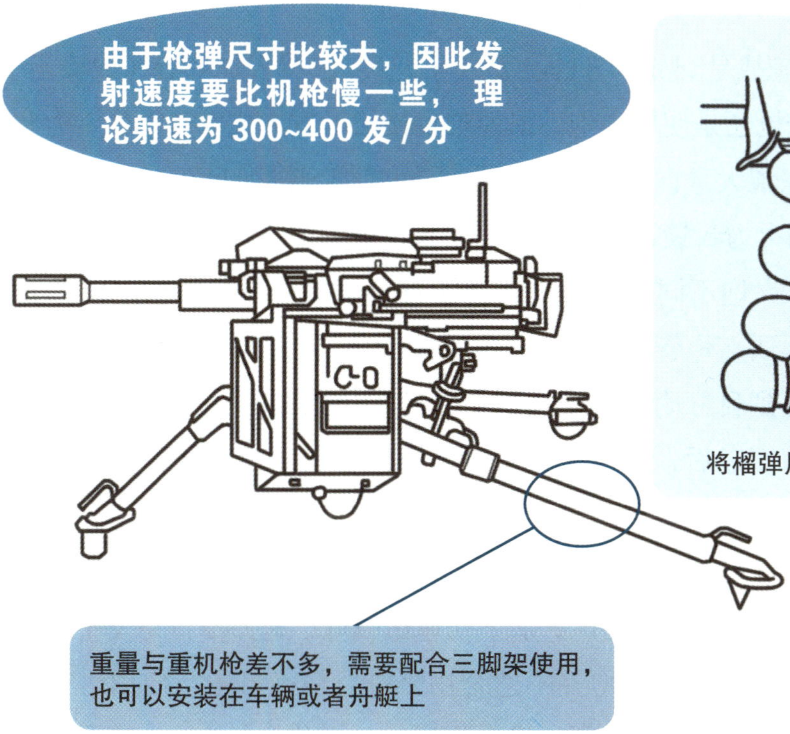

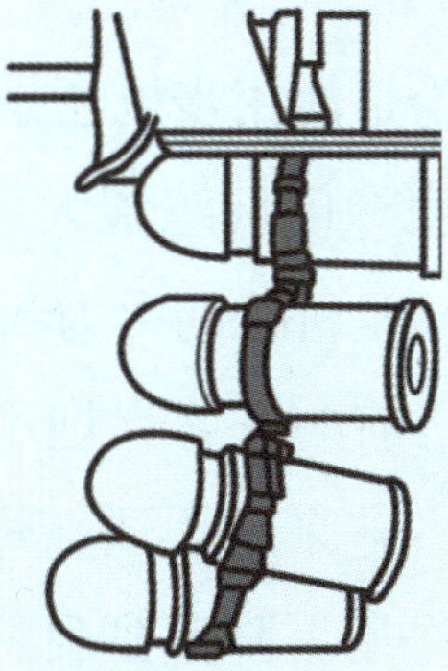

将榴弹用弹链连接供弹

转轮榴弹发射器

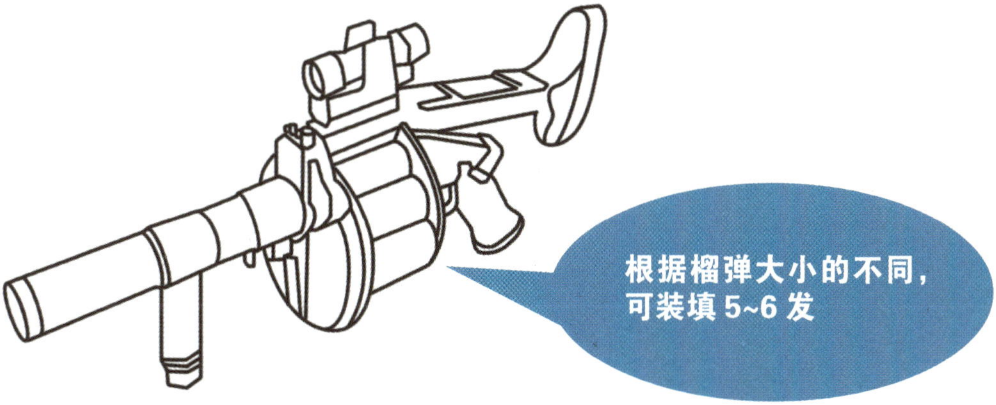

No.084 迫击炮弹是从天上掉下来的吗

迫击炮是一种以曲射为主的小型火炮，它轻便灵活，能够攻击遮蔽物后方的目标。

步兵的好搭档

在一战中，堑壕战是交战双方的主要战斗方式，作战人员都躲在战壕当中，因此无论是使用步枪还是使用火炮，都很难直接给对方造成有效杀伤。为此，德国一度专门训练了大量向敌人战壕投掷手榴弹的“掷弹兵”。不过，由于铁丝网以及机枪的火力封锁，掷弹兵几乎很难接近到适合投弹的位置。

与之前的平射火炮不同，迫击炮并不能直接赋予炮弹足够的动能令其飞向目标，它采用了调高炮管角度，先将炮弹发射到空中，然后炮弹会在地心引力的作用下降落到目标附近的发射方式，这种方式被称为“曲射”。由于炮弹到达一定的高度以后，会以接近垂直的角度下落坠地爆炸，就算是躲在遮蔽物后面或者战壕中也无济于事。

为了保证炮弹下落时弹道的稳定，在炮弹尾部安装了尾翼。受到尾翼的影响，炮弹在下落时会产生风切声，加上初速比较低，炮弹很容易发生偏移，它的精度并不高。其实，迫击炮并不适合用来进行精确打击，使用时往往需要集中多门迫击炮一起向目标不断地发射炮弹，方能形成有效的火力覆盖点。

世界上最早的迫击炮是在1904年日俄战争期间由俄国炮兵大尉尼古拉耶维奇发明的，他将老式的47毫米海军臼炮改装在带有轮子的炮架上，采用大仰角发射长尾形炮弹，结果，竟然能有效杀伤躲藏在堑壕内的日军，当时称之为“雷击炮”。1915年，英国发明家温弗雷德·斯托克斯（Wilfred Stokes）爵士发明了斯托克斯式战壕迫击炮，使现代意义上的可分解、便携带的迫击炮问世。

迫击炮的攻击方式

迫击炮是把炮弹“打到目标上空”，再让炮弹从空中掉下来

其他火炮发射炮弹的时候不需要扬起太大的角度

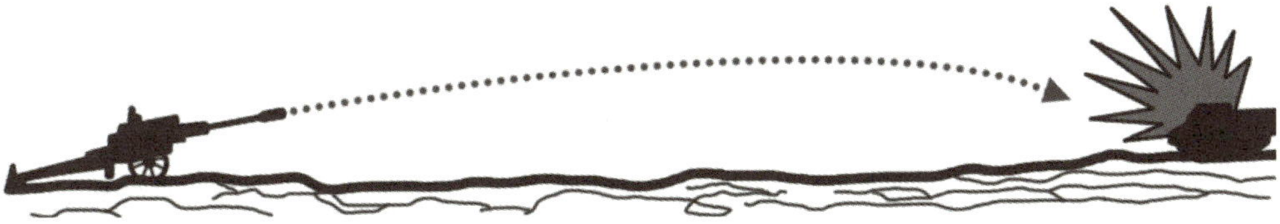

迫击炮往往都是采用 45 度以上的仰角发射

炮弹自由降落形成的抛物线，称为“曲射弹道”

可以用来攻击躲在战壕中的目标

位于山丘对面的目标也能无碍攻击

从炮口进行装填

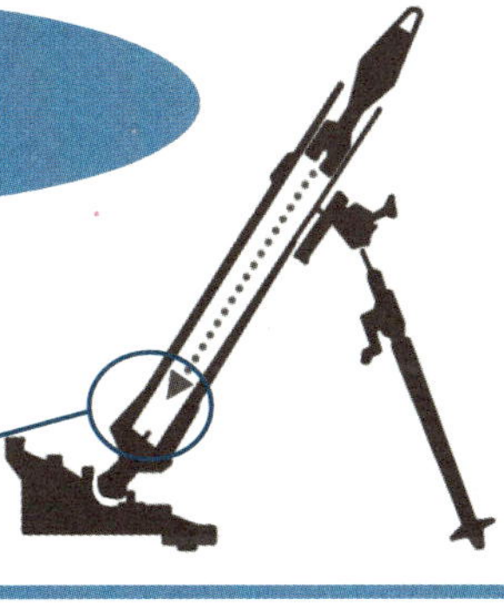

炮弹从炮口滑进，撞击到底部的撞针

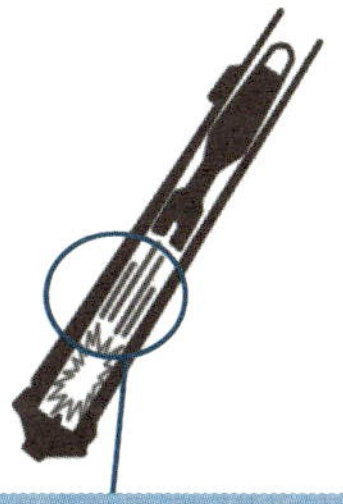

发射火药点火，击发炮弹

No.085 迫击炮如何进行瞄准

迫击炮是一种以曲射为主的小型火炮，由于有时不能直接观察目标，因此它的瞄准方式与一般的枪炮有所不同。

需要专门的团队共同协作操作

迫击炮的优点就在于可以将炮弹射向躲在战壕中或者遮蔽物后面的目标，也正是如此，意味着它必须要想方设法瞄准并不能直接观察到的目标。

一般大、中型迫击炮都会装有像测量器一样的瞄准具，这种瞄准具并非直接进行瞄准，而是通过它来调整炮管的朝向和角度。曲射的武器都是这样，不是直接瞄准目标的位置，而是依靠先计算发射角度、炮弹飞行距离等数据，然后再调整炮口角度，使炮弹能够命中目标，这种瞄准方式称为"间接瞄准"。间接瞄准使用起来虽然有些难度，不过对于那些经过长时间专门训练和实战的观测手，不仅能够准确瞄准目标，而且偏差很小。

根据迫击炮口径的不同，所需要配备的操作手数量也有不同。以 60 毫米迫击炮为例，一般会由 5 人组成的炮班负责，包括观测手、炮手、装填手、弹药手等。其中，观测手往往是远离炮位，他会处于适合观察目标的高地或者其他地方，以分规等工具测量目标的距离及方位角度等各项参数。若是目标距离比较近的话可以直接观测，要是目标距离比较远的话还需要设置中转站来传递战场信息。与此同时，炮手、装填手等也会迅速将火炮组合完毕，架设在选定的发射阵地上。炮手和装填手随时做好发射准备，弹药手则负责炮弹的补给。根据观测手传来的信息参数调整好炮管角度以后，炮手只需要等待发射命令随时准备开炮就可以了。

迫击炮的瞄准方式

迫击炮的特点
● 炮弹尺寸比较大，内腔可以装入大量的炸药
● 炮身结构简单，组合或分解都很容易
● 造价低廉，适合大批量生产

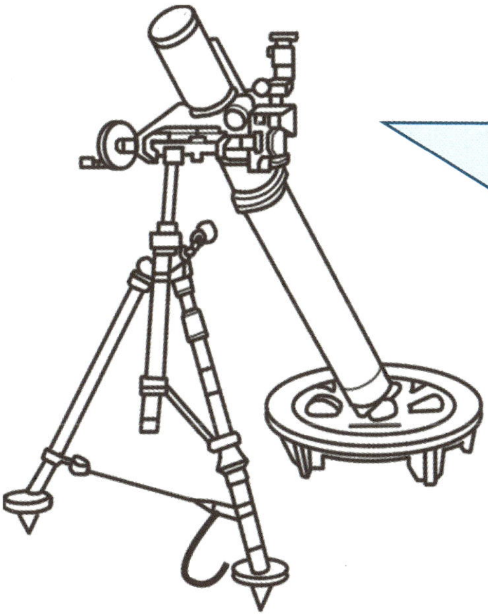

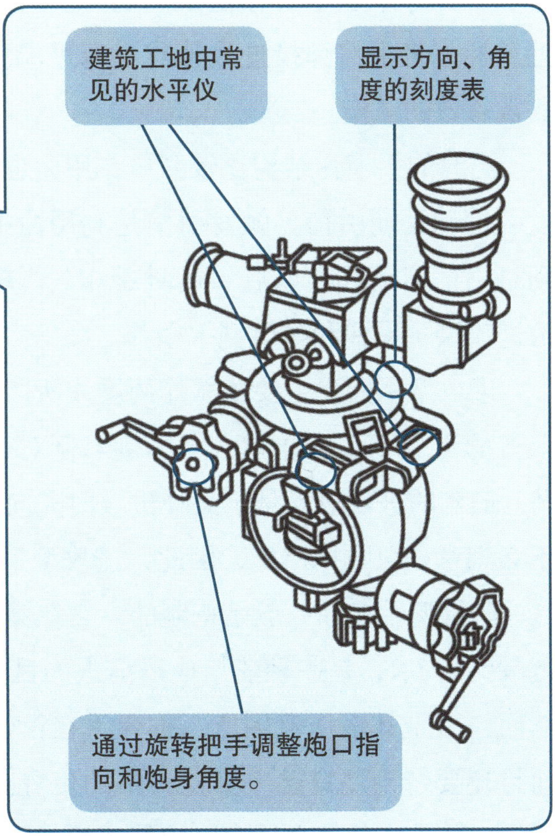

美国 M29 式 81 毫米迫击炮

大多数迫击炮都是可以分解的，因此口径稍大一些也能轻松搬运

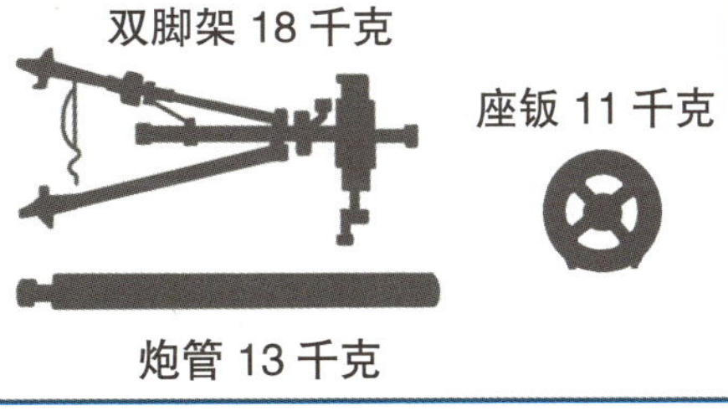

No.086 进攻型手榴弹与防御型手榴弹的区别在哪里

最早的手榴弹是拜占庭帝国发明的，我国宋朝也出现过类似的武器，称为“震天雷”。现代意义上的手榴弹出现于一战时期。

安全可靠的小型手掷炸弹

正如我们前文所提到的，在一战中，由于双方都龟缩在战壕中，想要用步枪、机枪等来狙杀目标是很困难的。为此，手榴弹得到了广泛应用。只要接近目标，将手榴弹投进战壕或者塞进碉堡、掩体的缝隙中，就能给对手造成非常有效的杀伤。

当时的手榴弹结构比较简单，用途也很单一。它的引信主要分为两种：触发引信和延期引信。触发引信是利用命中时的冲击来引爆手榴弹；延期引信则是引信启动几秒以后“定时爆炸”。按照用途的不同来划分，手榴弹可分为进攻型手榴弹和防御型手榴弹。

进攻型手榴弹主要依靠炸药爆炸所产生的冲击波来杀伤目标，通常被用在双方的近战中，这样就必须尽量降低对投弹者和附近己方其他人员构成的威胁。最初的进攻战术是步兵在进攻时先向目标投掷大批手榴弹后再发动冲锋，不必刻意采取防护措施，因此，进攻型手榴弹的杀伤范围比较有限。

防御型手榴弹一般是特制的，它在爆炸时会散射出大量弹片或钢珠，杀伤范围约 15 米，是一种能给成群前进的目标造成大量伤亡的理想爆炸型武器。然而，由于其杀伤范围广，掷弹手在投弹时不仅需要采取相应的掩蔽措施，而且还要特别注意己方其他人员的位置。在特殊情况下，可以在进攻型手榴弹的弹体外加装上金属套，也能产生像防御型手榴弹一样的杀伤效果。

虽然在空旷地带进攻型手榴弹对目标的杀伤力要远远低于防御型手榴弹，但是，其在对付狭窄空间内的目标时却更加有效，这种手榴弹在封闭空间产生的冲击波要大于同样大小的防御型手榴弹。

手榴弹的用途

根据用途的不同可以分为“进攻型”和“防御型”

进攻型手榴弹

- 以爆炸时产生的冲击波杀伤目标
- 为了保证冲击波迅速传开，金属外壳很薄
- 杀伤范围比较小

防御型手榴弹

- 以冲击波和四散的弹片来杀伤目标
- 为了保证弹片能够飞散出去，金属外壳上刻有纹路
- 有一种是在弹体内部装有钢珠或者金属片，爆炸时随着冲击波飞撒出去
- 杀伤范围要比进攻型手榴弹大

手榴弹的引信

触发引信	在命中目标的同时爆炸，以前主要用于对付坦克等装甲目标
延期引信	在引信启动以后的几秒钟自动爆炸，若是过早投掷出去可能会被目标捡起并扔回来

No.087 炸药和火药有什么不同

火药属于炸药的一种，本质上和炸药一样，都是属于化学爆炸物，两者最大的区别在于各自的燃烧速度。

燃烧的速度决定了各自不同的用途

火药与炸药的本质相同，都是化学爆炸物，但是，它们两者之间的爆炸速度并不相同，因此，各自的用途也不一样。所谓“爆炸”，是指物质在极短时间内急速燃烧，短时间内聚集大量的热能，造成气体体积迅速膨胀的现象。也就是说，爆炸速度其实就是它们的燃烧速度。

与其他可燃物相比，火药的燃烧速度要快很多。一般可燃物的燃烧速度是几厘米/秒，而火药的最快燃烧速度可达到10~100米/秒。因此，火药可以用作枪弹或者炮弹的发射装填药，其迅速燃烧产生的气体压力可以将弹头高速地推出去。

火药的燃烧速度相对炸药的燃烧速度则比较慢，虽然能够给枪弹或者炮弹提供足够的动能，但是，如果是专门用来破坏其他坚固目标的话就有所不足了。

比火药燃烧速度更快的炸药，大多数燃烧速度都已经超过音速（340米/秒），像“梯恩梯”（TNT）这类的高速炸药的燃烧速度更能达到6900米/秒。与这种燃烧速度极高的高速炸药相对应，也有一些燃烧速度要比音速慢的低速炸药。不过，无论是哪种炸药，它的燃烧速度都比火药快。

炸药迅速燃烧、气化、爆炸这一过程会产生极具破坏力的冲击波，因此非常适合使用在现代兵器上。像“黑索金”（RDX）这种高爆炸药，它的燃烧速度约为8700米/秒，还有燃烧速度更快的“奥克托今”（HMX）高爆炸药，燃烧速度可以达到9200米/秒。这些高爆炸药爆炸时产生的能量非常大，爆炸瞬间的温度可以达到1500~4500摄氏度。

火药与炸药的燃烧速度

炸药与火药的区别就在于燃烧速度的不同

在燃烧的时候都会产生热能

火药

- 燃烧速度约为 10~100 米 / 秒
- 就算是引爆足够份量的火药，它的破坏力也相当有限
- 主要用作枪（炮）弹的发射装填药

炸药

- 燃烧速度在 1000 米 / 秒以上
- 剧烈燃烧时能产生冲击波及高温，破坏力很强
- 用于榴弹、炮弹、火箭弹战斗部的装填药

高爆炸药

- 燃烧速度为 8000~10000 米 / 秒
- 像塑胶炸药此类高性能的军用炸药

No.088 塑胶炸药弄湿了还能用吗

塑胶炸药是一种性能稳定的高爆炸药，只需要一小块就能产生巨大的破坏力，它如果弄湿了还能爆炸吗？

弄湿、变形都没事的塑胶炸药

在一些讲述特工故事的电影中，我们常常可以看到演员们会拿出一块类似粘土的炸药，贴在门上或者墙上进行定向爆破。这让人不禁要问，炸药为什么是这个形状的？

像这样的炸药，使用最为广泛的就是以“C4”为代表的塑胶炸药。C4炸药是一种高效的炸药，由“梯恩梯”（TNT）、“塞姆汀”（Semtex）及白磷等高性能爆炸物质混合而成，它可以被碾成粉末状，再将塑料粘合剂、可塑剂以及标签剂混合以后可以挤压制作成任何形状。

在使用塑胶炸药时，可以直接用刀切取需要的份量，然后用胶带将其固定在爆破目标的表面。塑胶炸药与目标贴合越紧密，发挥的威力也就越大。

除了能够随意改变形状这个特点以外，C4炸药的性能才是它受到重视的真正原因。C4炸药的稳定性非常高，将C4炸药置于火中时它也只会慢慢地燃烧。另外，C4炸药就算遇到剧烈冲击，甚至是被弹头直接击中也不会被引爆。越南战争时，美军士兵在巡逻期间就曾点燃C4炸药，用来御寒取暖。C4炸药只能依靠电雷管这类引爆装置方能引爆，引爆后它的燃烧速度更是达到8000~9000米/秒，威力非常大。结合它的稳定性，C4炸药非常适合作为军用炸药。

C4炸药的稳定性不仅表现在它很难被其他诱因所引爆，更为重要的是在极端环境中也可以照常引爆。就算是潮湿环境或者直接放置于水中，也不会影响到C4炸药的性能。简单地说，只要连接上电雷管，C4炸药就能够顺利引爆。

会爆炸的“粘土”

塑胶炸药是在高性能炸药当中混入塑料粘合剂、可塑剂等化学添加剂，使其变得像粘土一样可以随意变形

↓

就算是弄湿表面，炸药的内部也不会受到影响

“梯恩梯”等高速炸药 + 塑料粘合剂、可塑剂等 =C4 炸药

M5A1 炸药

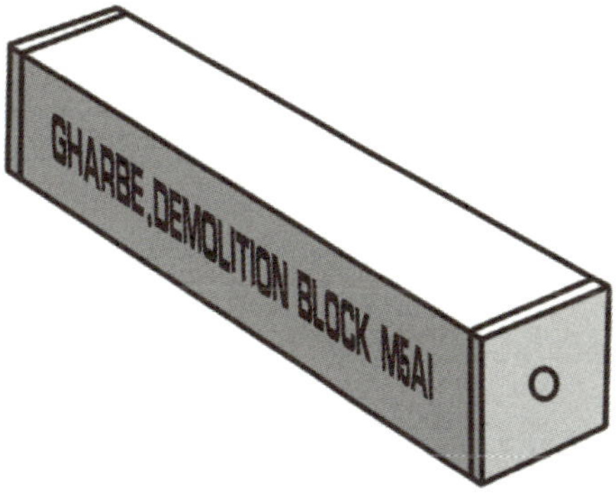

以塑料套包装的的 C4 炸药，重量约 1 公斤

M112 炸药

这种包装里同时附带固定用的胶带

使用方式

- 用刀切取需要的份量
- 贴合在爆破目标的表面，必要的话需用用胶带固定
- 接入电雷管等引爆装置，藏身到安全地带引爆炸药

No.089 炸药的“灵敏度”是什么

针对不同的爆破任务，往往会选择不同性能的炸药，这时候需要考虑的一个重要因素就是炸药的“灵敏度”。

灵敏度越高的炸药使用时越要小心

在一般人看来，炸药是一种非常危险的物品，认为只要一点点火花或者受到稍微一点冲击就可能发生爆炸，其实，并非所有的炸药都如此。军队和警察为了应对不同任务的需要，往往会配备各种不同类型、不同用途的炸药。这些炸药平时都会严格地按照储存保管制度存放起来，只会在需要时才会领出使用。如果稍微受到外部的一些诱因就会引爆炸药的话，不仅会增加使用成本，出现事故的概率也要高很多。

炸药的灵敏度体现在其性能的稳定程度上。不稳定炸药的典型代表就是被称为液体炸药的硝化甘油（Nitroglycerin），在使用中，如果不小心将吸管中的一小滴硝化甘油溅落到地上，都会发生爆炸，这是在滴落地面的瞬间，硝化甘油受到的冲击力而引发的。还有其他一些不稳定炸药，只要所处的温度比正常气温高一些或强光引起的热反应都会导致爆炸。

很明显，这样的炸药并不适合直接军事用途。因此，人们通过不断实验来寻找降低其灵敏度的方法，最终，发展出应用广泛的“梯恩梯”等高性能炸药及塑胶炸药等。

塑胶炸药的稳定性非常高，我们在前文中就已经介绍过，就算是用枪弹直接射击，它也不会爆炸，只有装上电雷管或其他引信装置引爆才行。

炸药的灵敏度与威力其实并没有多大关系。灵敏度越高的炸药威力不一定就越强，反过来说，灵敏度低的炸药也不意味着它的威力就小。C4 塑胶炸药的灵敏度就非常低，不过爆炸后的威力却很强，它是一种性能非常优越的军用炸药。

炸药的灵敏度

高灵敏度炸药，只要一点点冲击或者火花都会引发爆炸。

高灵敏度炸药

硝化甘油 →	由甘油、硝酸、硫酸制成的化合物，用于制造炸药的原料之一。
硝化纤维 →	由棉绒纤维浸泡到硝酸发生反应而成，可以用于制造炮弹的发射装填药
梯恩梯 →	由甲苯、硝酸等制成，主要用于军用目的
黑火药 →	由硝酸钾、碳、硫磺等制成，除了民间使用的烟花爆竹外，通常用来制作工业导火索

低灵敏度炸药

强力冲击、明火燃烧等都无法引爆